Walter Czech

66 Spielideen Mathematik

einfach, kreativ, motivierend

Auer

4. Auflage 2024

Autor*innen: Walter Czech
Covergestaltung: Daniel Fischer Grafikdesign München
Umschlagfoto: Rudie/Fotolia
Illustrationen: Stefanie Aufmuth, Corina Beurenmeister, Steffen Jähde, Thorsten Trantow
Satz: Fotosatz H. Buck, Kumhausen
Druck und Bindung: Joh. Walch GmbH & Co. KG
ISBN 978-3-403-**07755**-8

www.auer-verlag.de

„Mathematische Spiele machen die Mathematik zwar nicht leichter; aber so macht sie mir viel mehr Spaß."

(Schülerin[1])

Liebe Kolleginnen und Kollegen,

Spielen, als selbstgewählte erfreuliche Tätigkeit, und Üben, der mühsame Weg zum Können, scheinen auf den ersten Blick wenig gemeinsam zu haben. Andererseits wissen wir aber, dass wir auch Spiele üben müssen, wenn wir darin erfolgreich sein wollen, und wir beobachten oft tief beeindruckt, wie viel Mühe sich Kinder geben, um ein bestimmtes Spiel zu erlernen. Spielen macht schlau, kreativ und erfinderisch und stärkt die Fähigkeit, Probleme zu lösen. Spielen ist daher gleichzusetzen mit Lernen.

Die Grundidee des **Lernspiels** ist es, die dem Spiel eigene Motivation dafür zu nutzen, fachliche Lerninhalte vom Spiel gleichsam „im Huckepack" transportieren zu lassen. Damit ein Spiel den gewünschten Übungseffekt erreicht, muss es den Schülern so viel Spaß machen, dass es als echtes, vollwertiges Spiel erlebt wird.

Das vorliegende Buch wendet sich an die Lehrkräfte aller Schulformen. Zu sämtlichen zentralen Themenbereichen der Klassen 5 bis 10 wird mindestens ein Spiel angeboten. Sie sind ihrem Schwierigkeitsgrad (für die Schüler) nach aufsteigend angeordnet (☆). Für die Durchführung der Spiele benötigen Sie zudem Spielfiguren, Spielwürfel, Blankowürfel, Münzen und verschieden farbige Stifte. Bei einigen Spielen sind darüber hinaus Papier für Nebenrechnungen bzw. Taschenrechner und/oder Zeitmesser erforderlich.

Um Ihnen die Auswahl und Vorbereitung der Spiele zu erleichtern, können Sie sich an folgenden Symbolen orientieren:

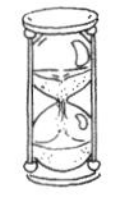
Dauer

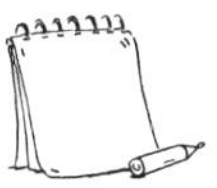
benötigte Materialien

Hinweise zur Vorbereitung

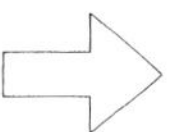
Einsatzmöglichkeiten und Zielsetzung

1 Wenn in diesem Buch von Schüler gesprochen wird, ist auch immer die Schülerin gemeint. Ebenso verhält es sich mit Lehrer und Lehrerin. Die weibliche Form wird nur in Ausnahmefällen explizit ausgeschrieben.

Damit Sie wissen, was Sie für den Einsatz benötigen, sind jeder Spielidee eine kurze **Auflistung benötigter Materialien** und entsprechende **Hinweise zur Vorbereitung** vorangestellt. Die angegebene **Spieldauer** ist nur als Richtwert zur Orientierung angegeben, da diese immer von verschiedenen Faktoren wie Schüleranzahl, Klassenstufe oder Schulart abhängig ist.

An folgenden Symbolen können Sie erkennen, für welche **Sozialform** sich die jeweilige Spielidee eignet:

 = Einzelspiel

 = Partnerspiel

 = Gruppen- oder Klassenspiel

Konkrete (Zahlen-)Beispiele runden die vorgestellten Spielideen ab.

Und nun wünsche ich Ihnen viel Freude mit den folgenden 66 Spielideen und vor allem viel Erfolg in Ihrem pädagogischen Alltag.

Ihr

Walter Czech

1.1 3 aus 36

20 Min.

Kl. 5

1 Zahlenfeld (6 x 6 Felder), das die Ziffern 0–9 beliebig oft enthält;
33 Zahlenkarten mit den Ziffern 1–33

Für jede Gruppe das Material bereitstellen.

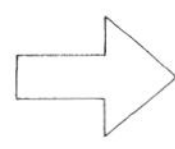

Zahlzerlegung, Grundrechenarten

Spielverlauf:
Immer vier Schüler bilden eine Gruppe. In der Mitte liegt das Zahlenfeld so, dass es alle gut einsehen können. Die Zahlenkarten liegen mit der Beschriftung nach unten daneben. Ein Spieler zieht eine beliebige Zahlenkarte und deckt sie für alle sichtbar auf. Alle Spieler müssen nun auf dem Zahlenfeld eine Kombination aus drei Zahlen finden, die durch die üblichen Rechenzeichen (der Grundrechenarten) verknüpft, die gezogene Zahl ergeben. Wer zuerst einen passenden Term nennen kann, erhält die gezogene Zahlenkarte. Der nächste Spieler im Uhrzeigersinn zieht die zweite Zahlenkarte und erneut wird ein passender Term dazu gesucht. Usw.
Gewonnen hat, wer am Ende die meisten Zahlenkarten hat.

Beispiel:
Mögliches Zahlenfeld:

9	1	6	0	6	8
2	8	5	9	1	4
5	3	7	7	3	6
6	9	4	5	8	2
4	3	2	2	5	7
7	5	6	4	9	1

gezogene Zahlenkarte	möglicher Lösungsterm
21	4 + 9 + 8

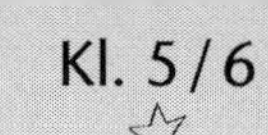

40 Quartett-Karten aus Karton (je 7 x 5 cm), 1 Quartett besteht aus 4 verschiedenen Darstellungen des Anteils (Bruch, Bruch mit Nenner 100, Dezimalbruch, Prozentangabe); 1 Würfel

Für jede Gruppe das Material bereitstellen.

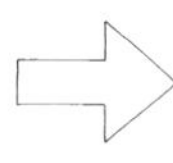

verschiedene, gleichwertige Schreibweisen für Anteile

Spielverlauf:
Immer zwei bis vier Schüler bilden eine Gruppe. Die Quartett-Karten werden gleichmäßig an alle Mitspieler verteilt. Jeder hält seine Karten verdeckt in der Hand.
Wer die höchste Augenzahl würfelt, beginnt. Spieler 1 fordert von einem Mitspieler eine fehlende Karte. Hat der angesprochene Mitspieler die gewünschte Karte, gibt er sie an Spieler 1 ab. Spieler 1 bleibt an der Reihe und darf bei seinen Mitspielern immer nach einer fehlenden Karte fragen. Wenn Spieler 1 so ein vollständiges Quartett erhält, legt er es vor sich ab. Hat er Pech und der angefragte Mitspieler hat die geforderte Karte nicht, endet sein Zug und der zuletzt angesprochene Mitspieler ist an der Reihe.
Gewonnen hat, wer am Ende die meisten Quartette bilden konnte.

Beispiel:
Quartett:

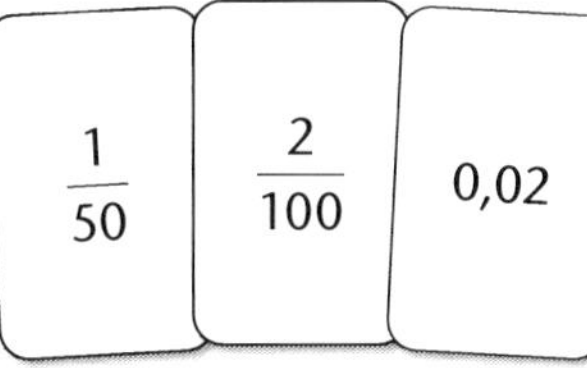

Ich möchte von dir die Karte 2 %.

Weitere Quartette:

- $\frac{1}{25}$ $\frac{4}{100}$ 0,04 4 %
- $\frac{1}{5}$ $\frac{20}{100}$ 0,2 20 %
- $\frac{16}{25}$ $\frac{64}{100}$ 0,64 64 %
- $\frac{1}{1}$ $\frac{100}{100}$ 1,0 100 %
- $\frac{3}{2}$ $\frac{150}{100}$ 1,5 150 %

15–20 Min.

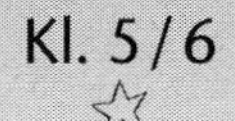

16 Term-Karten aus Karton (je 4 x 3 cm) mit Termen aus Brüchen zu allen Grundrechenarten; Papier und Stift für Nebenrechnungen

Für jedes Paar einen Satz Term-Karten bereitstellen.

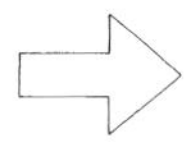

Grundrechenarten mit Brüchen

Spielverlauf:
Die Schüler bilden Paare. Die Start-Karte wird ausgelegt. Die Schüler einigen sich, wer beginnt.
Der Startspieler berechnet den Term der Start-Karte und nennt das Ergebnis. Dieser Wert ist die erste Zahl auf einer der anderen Karten. Der Startspieler sucht diese Karte und übergibt sie an den Partner. Nun berechnet der Partner diesen Term und sucht die dazu passende Ergebnis-Karte. Usw.
Das Spiel endet mit dem Erreichen der Ziel-Karte.

Beispiel:
Kartenschlange:

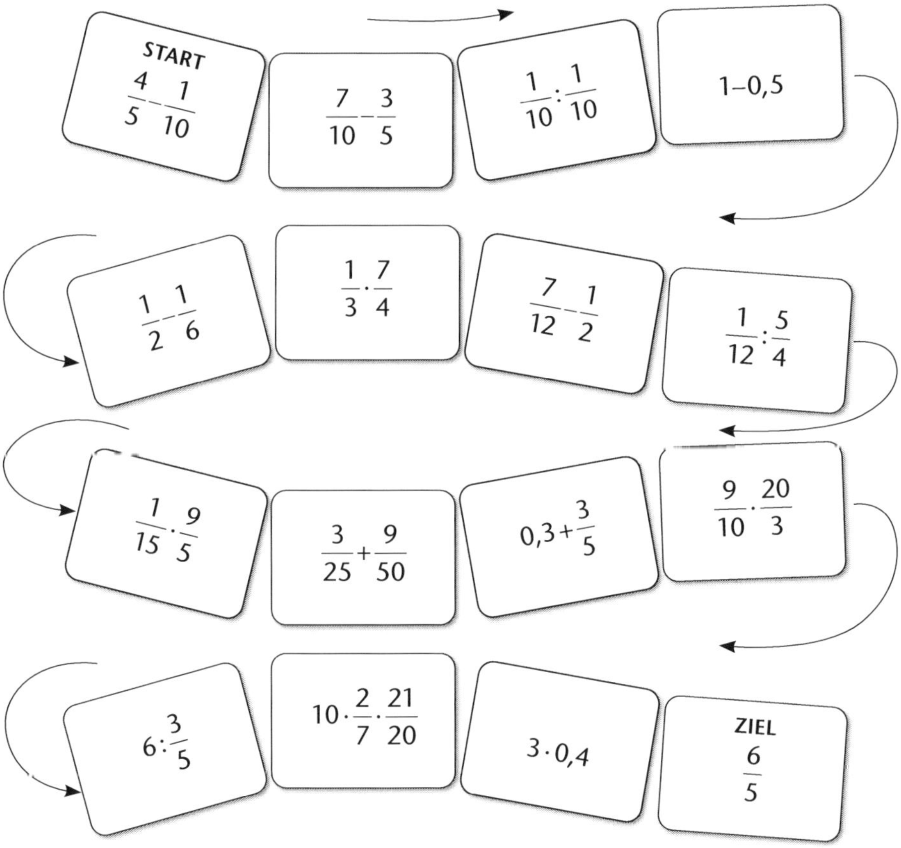

START $\frac{4}{5}-\frac{1}{10}$ → $\frac{7}{10}-\frac{3}{5}$ → $\frac{1}{10}:\frac{1}{10}$ → $1-0{,}5$

→ $\frac{1}{2}-\frac{1}{6}$ → $\frac{1}{3}\cdot\frac{7}{4}$ → $\frac{7}{12}-\frac{1}{2}$ → $\frac{1}{12}:\frac{5}{4}$

→ $\frac{1}{15}\cdot\frac{9}{5}$ → $\frac{3}{25}+\frac{9}{50}$ → $0{,}3+\frac{3}{5}$ → $\frac{9}{10}\cdot\frac{20}{3}$

→ $6:\frac{3}{5}$ → $10\cdot\frac{2}{7}\cdot\frac{21}{20}$ → $3\cdot 0{,}4$ → ZIEL $\frac{6}{5}$

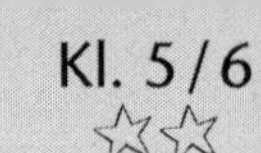

1 Zahlenfeld (6 x 5 Felder) mit verschiedenen rationalen Zahlen, bei dem immer 3 zusammenhängende Zahlen eine Gleichung ergeben; 1 Stoppuhr; Papier und Stift für Nebenrechnungen

Für jeden Schüler ein Zahlenfeld bereitstellen.

Grundrechenarten sowie Terme und Gleichungen im Bereich der rationalen Zahlen

Spielverlauf:
Die Schüler bilden Kleingruppen. Der Zeitwächter startet die Stoppuhr.
Mit dem Startsignal suchen die anderen Schüler in Einzelarbeit Gleichungen, die im Zahlenfeld enthalten sind. Eine Gleichung besteht aus mindestens 3 Zahlen, die direkt nebeneinander stehen und mit den üblichen Rechenzeichen (der Grundrechenarten) verknüpft, eine korrekte Gleichung ergeben. Die Zahlen können dafür auch über- und untereinander sowie diagonal nebeneinander stehen; die Gleichungen dürfen vorwärts wie rückwärts gebildet werden. Wenn die vereinbarte Zeitspanne abgelaufen ist, gibt der Zeitwächter das Stopp-Signal.
Gewonnen hat, wer in dieser Zeit die größte Anzahl richtiger Gleichungen gefunden hat.

Variante:
Das Spiel kann auch mit größeren Gruppen bzw. der gesamten Klasse gespielt werden.

Beispiel:
Mögliches Zahlenfeld:

$\frac{7}{2}$	8	1	4,5	$\frac{55}{10}$	6
$\frac{1}{2}$	$\frac{1}{2}$	$\frac{1}{4}$	$\frac{3}{4}$	1	1,75
3	4	4	1	4,5	$\frac{1}{9}$
$\frac{3}{7}$	5	0,7	1,75	$\frac{3}{2}$	$\frac{1}{6}$
7	0,8	5,6	6,4	3	$\frac{2}{3}$

Eine enthaltene Gleichung: $1 + 4{,}5 = \frac{55}{10}$

1.5 1 500 mit 3 Zahlen

20 Min.

Kl. 5/6

Papier, Lineal und Stift für das Spielfeld, Tabelle (5 x 5 Felder) für Summenberechnung von drei 3-stelligen Zahlen; 1 Würfel

Ggf. für jeden Schüler ein Spielfeld bereitstellen.

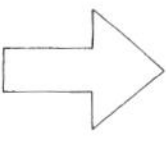

Addition natürlicher Zahlen, Verständnis des Stellenwertsystems

Spielverlauf:
Die Schüler bilden Kleingruppen. Jeder Schüler zeichnet in Einzelarbeit das Spielfeld (die Tabelle) und beschriftet es wie die Vorlage, s. Beispiel. Die Zielsumme (1 500) wird bekannt gegeben.
Mit dem Würfel werden neun Zufallszahlen erzeugt. Nach jedem Wurf entscheidet jeder Schüler für sich, in welches der neun freien Felder (hier schraffiert) er die jeweilige Ziffer einsetzt. Sind alle Felder gefüllt, zeigt die Tabelle die Addition von drei dreistelligen Zahlen. Jeder Schüler berechnet abschließend seine Summe.
Gewonnen hat, wer am nächsten an die Zielsumme (1 500) herangekommen ist, sie aber nicht übertroffen hat.

Varianten:
- Die Zufallszahlen können nacheinander von allen Gruppenmitgliedern, nur von einem Spielleiter oder auch vom Lehrer gewürfelt werden.
- Das Spiel kann auch mit größeren Gruppen bzw. der gesamten Klasse gespielt werden.

Beispiel:
Spielfeld:

+				
+				
Summe				
Zielsumme	**1**	**5**	**0**	**0**

15 Karten, die als Ergebnis 1 Spielfeld mit 3x5 Felder ergeben, immer Term und Ergebnis ergeben 1 passendes Paar

Für jede Gruppe das Spielfeld vergrößert kopieren, auf festen Karton kleben und daraus die 15 Karten herstellen.

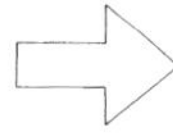

Multiplikation natürlicher Zahlen

Spielverlauf:
Die Schüler bilden Kleingruppen.
Sie legen gemeinsam aus den Einzelkarten wieder das zusammenhängende Spielfeld, indem sie den Termen die passenden Ergebnisse zuordnen.
Das Spiel endet, wenn das Spielfeld vollständig zusammengesetzt wurde.

Varianten:
- Die Schüler erstellen entsprechend der Vorlage eigene Karten.
- Die Größe des Spielfeldes an die Klasse anpassen.
- Weitere Rechenarten einfügen.

Beispiel:
Spielfeld (Ergebnis):

16·6 24	96 36 8·8	6·6 45 9·4	3·15 72 15·5	8·9 4·6
8·3 42 48	64 3·14 85 7·7	36 17·5 132 25·3	75 11·12 5·9 13·11	24 45 13·8
12·4 66	49 6·11 57	75 19·3 60	143 5·12 56	104 8·7

1.7 Faktoren-Bingo

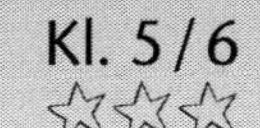

1 Spielfeld (5 x 5 Felder) mit Produkten, die immer aus 2 der vorgegebenen Faktoren gebildet werden; 1 Stift

Für jede Gruppe ein Spielfeld bereitstellen.

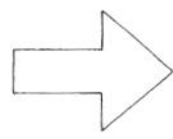

Zahlzerlegung; Teiler, Vielfache sowie Multiplikation natürlicher Zahlen

Spielverlauf:
Die Schüler bilden Kleingruppen. Das Spielfeld zeigt die Lösungen. Die Zahlen sind die Produkte aus immer zwei der vorgegebenen Faktoren.
Jeder Schüler bestimmt in Einzelarbeit mithilfe der vorgegebenen Faktoren die Multiplikationsterme zu fünf zusammenhängenden Produkten einer Zeile / Spalte / Diagonale. Die Terme werden unter den Produkten notiert.
Wer als Erster die Terme zu allen fünf Produkten einer Zeile / Spalte / Diagonale gefunden hat, ruft „Bingo" und hat gewonnen.

Beispiel:
Spielfeld mit Produkten:

559	247	133	169	364 $28 \cdot 13$
644	301	304	532	1 204 $43 \cdot 28$
208	299	364	91	256 $16 \cdot 16$
817	688	989	368	196 $28 \cdot 7$
112	437	161	448	49 $7 \cdot 7$

Vorgegebene Faktoren: 7, 7, 13, 13, 16, 16, 19, 23, 28, 43
Eine Lösung: Die letzte Spalte wurde komplett und korrekt berechnet.

1 Zahlentafel (8 x 8 Felder) mit möglichen Gleichungslösungen, 12 Joker, 3 Würfel, 4 Stifte verschiedener Farben, 1 Stoppuhr

Das Material für jede Gruppe bereitstellen.

Terme und Gleichungen sowie Rechenregeln und Grundrechenarten im Bereich der natürlichen Zahlen

Spielverlauf:
Immer vier Schüler bilden eine Gruppe. Jeder Schüler erhält einen Farbstift und drei Joker. Es wird ein Protokollant und die Spieldauer (z. B. fünf Runden) bestimmt. Alle Schüler würfeln einmal mit einem Würfel. Wer die höchste Augenzahl geworfen hat, ist der Startspieler. Der Spieler links neben ihm ist der Zeitwächter.
Der Startspieler würfelt einmal mit allen drei Würfeln gleichzeitig. Sobald das Ergebnis liegt, beginnt der Zeitwächter eine Minute zu stoppen. Der Spieler muss in dieser Zeit aus den gewürfelten Zahlen einen Term erstellen. Im Term muss jede Zahl einmal vorkommen, es dürfen alle Grundrechenarten und wahlweise auch Klammern verwendet werden. Das Ergebnis ist eine Zahl auf dem Zahlenfeld.
Ist er erfolgreich, streicht er mit seiner Farbe das Ergebnis im Zahlenfeld durch und erhält einen Punkt. Wer seine Aufgabe nicht lösen kann, verliert einen Joker. Als nächstes würfelt der Zeitwächter.
Jedes Feld kann beliebig oft als Ergebnis gewählt werden. Wenn alle drei Joker aufgebraucht sind, scheidet der betroffene Spieler aus. Das Spiel endet für alle nach der vereinbarten Zeit bzw. Anzahl an Runden. Gewonnen hat, wer in dieser Zeit die meisten Punkte erzielt hat.

Beispiel:
Zahlentafel:

1	2	3	4	5	6	7	8
9	10	11	12	13	14	15	16
17	18	19	20	21	22	23	24
25	26	27	28	29	30	31	32
33	34	35	36	37	38	39	40
41	42	44	45	48	50	54	55
60	64	66	72	75	80	90	96
100	108	120	125	144	150	180	216

Gewürfelte Zahlen:

2	3	5

Mögliche Gleichung: $5 \cdot 3 - 2 = 13$

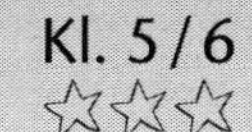

1 Zahlengitter (10 x 9 Felder) mit Zahlenketten, die (korrekt verbunden) Gleichungen ergeben; Papier und Stift für Nebenrechnungen

Für jede Gruppe ein Zahlengitter bereitstellen.

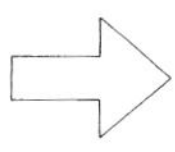

Terme und Gleichungen sowie Grundrechenarten und Rechenregeln im Bereich der natürlichen Zahlen

Spielverlauf:
Die Schüler bilden Kleingruppen. Der Lehrer legt die Spieldauer fest und gibt das Startsignal.
Jede Gruppe betrachtet das Zahlengitter genau und sucht nach benachbarten Zahlen, die zu korrekten Gleichungen verkettet werden können. Dafür dürfen die Grundrechenarten und Klammern verwendet werden. Die Gleichungen können waagrecht, senkrecht und diagonal verlaufen. Das Spiel endet mit dem Stoppsignal.
Gewonnen hat die Gruppe, die innerhalb der Spieldauer die meisten korrekten Gleichungen gefunden hat.

Beispiel:
Zahlengitter:

7	2	1	21	60	12	5	19	37	23
35	3	6	14	4	15	8	12	30	58
8	35	4	72	22	20	4	55	3	44
15	5	10	9	12	5	23	15	28	16
42	28	13	36	6	6	4	27	31	1
57	68	40	4	20	11	7	4	9	2
64	4	24	8	3	5	15	45	20	10
10	13	12	35	2	17	3	8	6	3
32	33	28	4	7	6	9	19	4	21

Mögliche Gleichungen: $7 \cdot (2+1) = 21$ und $9 : (31-28) = 3$

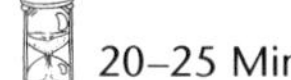

20–25 Min.

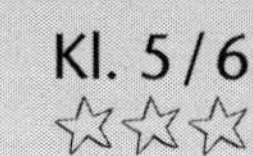

Kl. 5/6

1 Zahlengitter (6 x 6 Felder) bei dem benachbarte Zahlen gemeinsame Teiler haben; 1 Stift; 1 Stoppuhr

Für jeden Schüler ein Zahlengitter kopieren.

Teiler und Vielfache im Bereich der natürlichen Zahlen

Spielverlauf:
Die Schüler spielen in Einzelarbeit gegeneinander. Sie suchen den richtigen Weg durch das Labyrinth (gemeinsame Teiler benachbarter Zahlen). Der Lehrer gibt das Startsignal. Die Schüler beginnen beim Startfeld und vergleichen die Teiler dieser Zahl mit denen der unmittelbar benachbarten, vertikalen und horizontalen, Nachbarzahl. Die Zahl, die einen gemeinsamen Teiler mit der Startzahl hat wird markiert. Anschließend werden wiederum ihre (vertikalen und horizontalen) Nachbarzahlen auf gemeinsame Teiler untersucht. Das Spiel endet, wenn die Zeit verstrichen ist oder der Erste die Zielzahl erreicht hat. Gewonnen hat, wer als Erster die Zielzahl erreicht hat.

Beispiel:
Zahlengitter:

84 Start	82	23	32	37	74
65	36	55	99	111	100
21	144	20	68	65	75
35	53	71	17	143	121
63	67	36	102	49	154
77	88	34	61	119	85 Ziel

1.11 Quotienten-Reihe

10 Min.

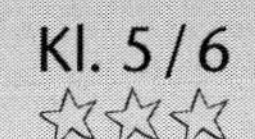

Kl. 5/6

1 Spielfeld (2-spaltige Tabelle mit 6 Zahlen, 3 Dividenden und 3 Divisoren),
1 Lösungsfeld (3 x 3 Felder mit den möglichen Quotienten), Papier und Stift

Für jeden Schüler ein Spiel- und ein Lösungsfeld kopieren.

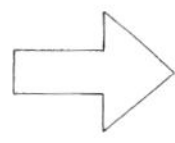

Division im Bereich der natürlichen Zahlen

Spielverlauf:
Die Schüler bilden Paare. Die Schüler verteilen das Material und einigen sich, wer welches Symbol (X oder O) verwendet.
Die Spieler starten gleichzeitig und dividieren den Dividenden (eine Zahl aus Spalte A) mit dem Divisor (eine Zahl aus Spalte B). Das Ergebnis wird im Lösungsfeld mit dem jeweiligen Symbol markiert und die dazugehörige Rechnung notiert. Das Spiel endet, wenn alle möglichen Divisionen gerechnet wurden oder wenn der Erste drei Zahlen in einer Reihe markieren konnte. In diesem Fall ruft er: „Fertig!"
Nun überprüfen die Spieler die Berechnungen des Partners. Jede richtige Lösung gibt 2 Punkte, jede falsche Lösung bedeutet 2 Punkte Abzug. Wer zuerst eine fertige Reihe hatte, bekommt zwei Sonderpunkte. Gewonnen hat, wer am Schluss die meisten Punkte hat.
Mit alternativen Spiel- und Lösungsfeldern können weitere Runden gestaltet werden.

Beispiel:
Spielfeld:

Spalte A	Spalte B
1 024	16
512	512
4 096	4

Lösungsfeld:

64	32	256
2	1	8
256	128	1 024

1.12 Bruch-Legespiel

20 Min.

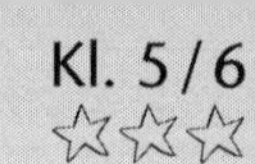

Kl. 5/6

1 Rechenfeld, 4 Brüche, 4 Rechenzeichen (alle Grundrechenarten), Papier und Stift

Die Brüche und Rechenzeichen auf Karton kopieren bzw. laminieren. Für jede Gruppe das Material kopieren bzw. vorbereiten.

Vermischte Grundrechenarten zu Brüchen und Doppelbrüchen

Spielverlauf:
Die Schüler bilden Vierergruppen und spielen als Team. Der Lehrer gibt das Startsignal. Die Schüler setzen die Brüche und Rechenzeichen so in das Rechenfeld ein, dass das Ergebnis, auch ein Bruch, möglichst groß ist. Das Spiel endet, wenn der Lehrer das Schlusssignal gibt.
Gewonnen hat das Team, das das größte Ergebnis erzielt hat.

Beispiel:

Brüche: $\frac{1}{2}$ $\frac{1}{6}$ $\frac{1}{4}$ $\frac{2}{3}$

Rechenzeichen: $+$ $-$ $\cdot$ $:$

Rechenfeld:

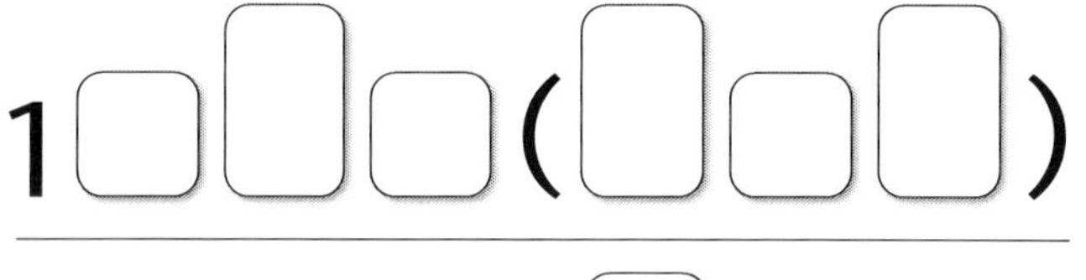

$$\frac{1 \,\square\, \square \,\square\, (\square \,\square\, \square)}{1 \,\square\, \square} = ?$$

2 Würfel, ggf. in verschiedenen Farben, Papier und Stift

Für jede Gruppe das Material bereitstellen, ggf. von den Schülern mitbringen lassen.

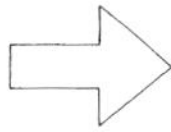
Addition von Brüchen

Spielverlauf:
Die Schüler spielen in Kleingruppen, spielen jedoch einzeln gegeneinander. Sie legen zudem die Spielrichtung selbst fest.
Der Startspieler beginnt und würfelt mit beiden Würfeln gleichzeitig. Aus den beiden Augenzahlen wird der größtmögliche Bruch gebildet und notiert. Anschließend würfeln die anderen Spieler ihren Bruch für Runde 1. Dies wiederholt sich über mehrere Runden. Jeder Spieler addiert seine gewürfelten Brüche. Es bietet sich an, immer wieder Zwischenstände zu berechnen.
Das Spiel endet, sobald der Erste die Summe 10 erreicht oder überschreitet.

Variante:
Die Anzahl der Spielrunden wird festgelegt. Mithilfe der Würfel wird der größt- oder kleinstmögliche Bruch gebildet. Gewonnen hat, wer am nächsten an die Zahl 10 herangekommen ist, sie aber nicht übertroffen hat.

Beispiel:
Tabelle für Spielstand:

	Runde 1	Runde 2	Runde 3	Zwischenstand
Spieler A	$\frac{6}{4}$	$\frac{4}{3}$	$\frac{5}{2}$	$\frac{64}{12} = 5\frac{1}{3}$
Spieler B	$\frac{5}{3}$	$\frac{4}{1}$	$\frac{6}{5}$	$\frac{103}{15} = 6\frac{13}{15}$
Spieler C	$\frac{6}{6}$	$\frac{5}{1}$	$\frac{4}{2}$	$1+5+2 = 8$

1.14 Sieben-Tage-Rennen

20 Min.

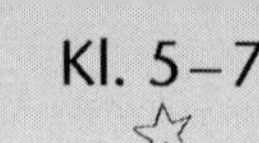

1 Spielplan, 1 Münze

Für jede Gruppe den Spielplan einmal kopieren.

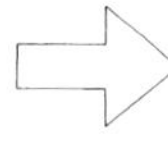

Addition und Subtraktion im Bereich der natürlichen Zahlen, ggf. auch ganzen Zahlen

Spielverlauf:
Die Schüler bilden Kleingruppen und legen Startspieler sowie die Spielrichtung selbst fest. Jeder Spieler hat ein „Startguthaben" von 10 Punkten. Alle starten beim Start-Feld. Der Startspieler beginnt und wirft eine Münze. Bei „Zahl" zieht er ein Feld weiter geradeaus, bei „ Wappen" ein Feld schräg in die andere Reihe. Anschließend berechnet er seinen aktuellen Zwischenstand und übergibt die Münze an den nächsten Spieler. Das Spiel endet nach sieben Runden, wenn alle Spieler im Ziel angekommen sind. Gewonnen hat, wer am Schluss die größte Punktzahl erreicht hat.

Beispiele:
Spielplan für natürliche Zahlen:

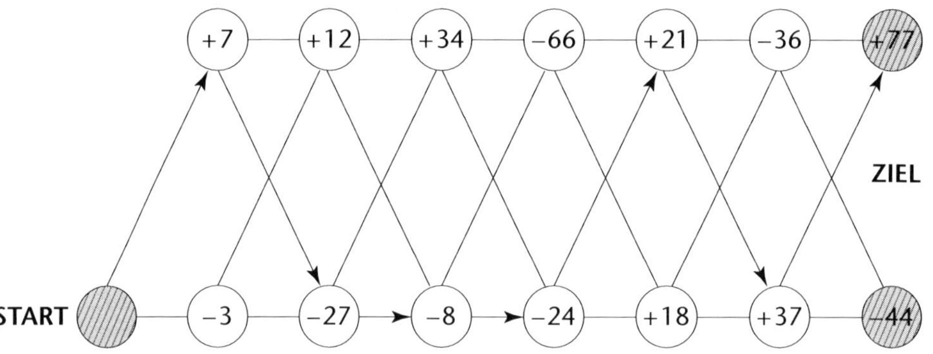

Beispielrechnung: $10+7-27-8-24+21+37+77=93$

Alternativer Spielplan für die Bruchrechnung:

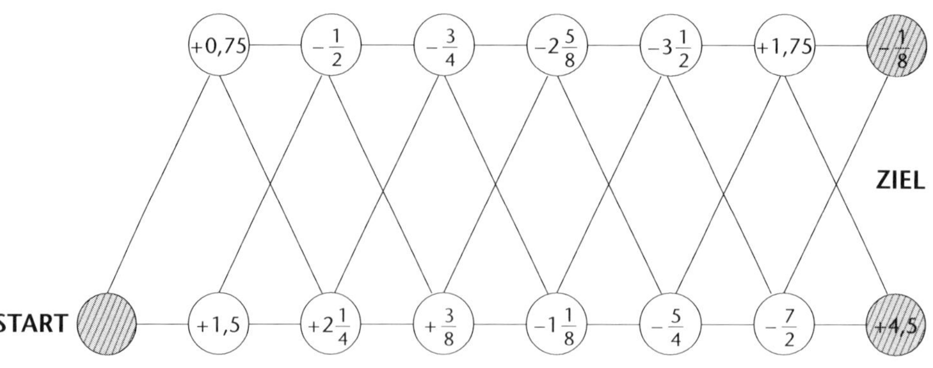

1 Spielfeld, 2 Würfel, 2 verschiedene Farbstifte

Für jedes Paar zweimal das Spielfeld kopieren und insgesamt zwei Würfel bereitstellen.

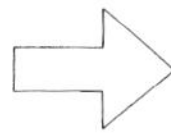
Umfang und Flächeninhalt von Rechtecken

Spielverlauf:
Die Schüler bilden Paare und losen den Startspieler aus.
Der Startspieler würfelt mit beiden Würfeln gleichzeitig. Die gewürfelten Augenzahlen geben die Seitenlängen eines Rechtecks in der Einheit „cm" an. Umfang und Flächeninhalt dieses Rechtecks werden berechnet und mit dem jeweiligen Farbstift markiert. Anschließend ist der andere Spieler an der Reihe. Das Spiel endet, sobald ein Spieler vier Größen in einer Linie (senkrecht oder waagrecht) markiert hat. Dabei dürfen auch Lücken auftreten. Dieser Spieler hat gewonnen.

Beispiel:
Spielfeld:

24 cm^2	4 cm	18 cm^2	24 cm	5 cm^2	12 cm
20 cm	15 cm^2	12 cm	30 cm^2	10 cm	4 cm^2
8 cm^2	18 cm	12 cm^2	20 cm	20 cm^2	6 cm
14 cm	16 cm^2	4 cm	36 cm^2	10 cm	2 cm^2
10 cm^2	18 cm	25 cm^2	22 cm	1 cm^2	6 cm
12 cm	9 cm^2	8 cm	3 cm^2	16 cm	6 cm^2

1.16 Der größte Bruch

30 Min.

Kl. 5–7

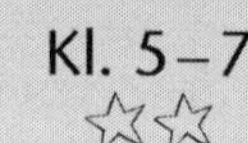

1 Spielplan, 2 Würfel (verschiedene Farben bzw. Größen), Papier und Stifte

Für jedes Paar einen Spielplan kopieren und die Würfel bereitstellen.

Addition und Multiplikation von Brüchen

Spielverlauf:
Die Schüler bilden Paare und bestimmen, welcher Würfel für die senkrechte Reihe und welcher für die waagrechte Reihe gilt, wie viele Runden gespielt werden und wer beginnt. Der Startspieler würfelt mit beiden Würfeln gleichzeitig und bestimmt so seine erste Zahl wie in einem Koordinatensystem, s. Beispiel. Diese Zahl wird notiert und er würfelt erneut mit beiden Würfeln und bestimmt so seine zweite Zahl, wieder wie bei einem Koordinatensystem. Nun muss er mit diesen Zahlen ein möglichst großes Ergebnis erzielen, indem er sie addiert oder multipliziert. Das Ergebnis wird notiert. Anschließend würfelt der andere Spieler seine Zahlen und berechnet sein Endergebnis. Am Ende der Runde werden die Ergebnisse verglichen. Wer das größere Ergebnis erzielen konnte, bekommt einen Punkt. Bei Gleichstand erhalten beide einen Punkt. Anschließend werden die weiteren Runden ebenso gespielt.
Gewonnen hat, wer am Ende die meisten Punkte erzielt hat.

Beispiel (für Spieler 1):
Wurf 1: 2–5 erste Zahl: $\frac{1}{4}$

Wurf 2: 1–4 zweite Zahl: $\frac{9}{12}$

Rechnung: $\frac{1}{4}+\frac{9}{12}=\frac{12}{12}=1$ oder $\frac{1}{4}\cdot\frac{9}{12}=\frac{3}{16}$ hier: $1 > \frac{3}{16}$

Spielplan:

6	$\frac{4}{5}$	$\frac{8}{12}$	20	$\frac{6}{10}$	$\frac{8}{16}$	$\frac{1}{2}$
5	1	$\frac{1}{4}$	15	$\frac{1}{5}$	$\frac{5}{9}$	2
4	$\frac{9}{12}$	$\frac{3}{9}$	$\frac{10}{12}$	3	$\frac{4}{10}$	16
3	$\frac{8}{9}$	$\frac{5}{8}$	4	$\frac{2}{5}$	$\frac{1}{8}$	$\frac{15}{20}$
2	$\frac{2}{3}$	8	$\frac{2}{4}$	$\frac{1}{3}$	$\frac{2}{10}$	$\frac{3}{6}$
1	10	$\frac{2}{8}$	$\frac{5}{10}$	$\frac{3}{4}$	5	$\frac{3}{5}$
	1	2	3	4	5	6

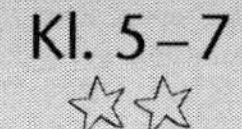

2 Würfel

Für jedes Paar die Würfel bereitstellen.

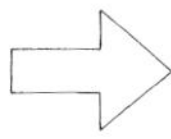

Größenvergleich von Brüchen

Spielverlauf:
Die Schüler bilden Paare und jeder würfelt mit einem Würfel. Wer die größere Zahl geworfen hat, ist der Startspieler.
Der Startspieler (Spieler A) würfelt mit beiden Würfeln nacheinander und erhält so einen Bruch. Die Augenzahl des ersten Würfels ist der Zähler, die Augenzahl des zweiten Würfels wird der Nenner des Bruches. Nun formuliert er seine Vermutung, ob der Bruch des Partners (Spieler B) größer oder kleiner als der eben gewürfelte Bruch sein wird. Anschließend würfelt Spieler B seinen Bruch und die Brüche werden verglichen. Ist die Wette von Spieler A korrekt, erhält er einen Punkt, im anderen Fall erhält Spieler B den Punkt. Nun startet der Spieler B und stellt seine Vermutung auf.
Gewonnen hat, wer als Erster fünf Punkte erreicht hat.

Beispiel:

Spieler A: gewürfelter Bruch: $\frac{3}{5}$

Vermutung / Wette: Der nächste Bruch ist kleiner als $\frac{3}{5}$.

Spieler B: gewürfelter Bruch: $\frac{4}{6}$

Vergleich: $\frac{4}{6} = \frac{20}{30}$ und $\frac{3}{5} = \frac{18}{30}$; also $\frac{4}{6} > \frac{3}{5}$

Punktevergabe: Spieler A hat seine Wette verloren und damit erhält Spieler B einen Punkt.

18 Dominosteine (je 5 x 2 cm) mit Aufgaben zur Bruchrechnung, 1 undurchsichtige Tüte

Dominosteine ggf. auf Karton kopieren oder laminieren und für jedes Paar das Material bereitstellen.

Grundrechenarten und andere Rechnungen zur Bruchrechnung und bei Dezimalbrüchen

Spielverlauf:
Die Schüler bilden Paare. Die Dominosteine werden in die Tüte gegeben und gemischt. Die Spieler ziehen verdeckt und abwechselnd Spielsteine aus der Tüte. Wenn der letzte Spielstein gezogen wurde, können die Spieler ihre Dominosteine sortieren. Wer den Stein hat, auf dem sich der START befindet, beginnt.
Dieser Spieler legt den Startstein. Nun ist der nächste Spieler an der Reihe und muss bei seinen Steinen einen finden, der eine passende Lösung zeigt. Dieser Stein wird so angelegt, dass Aufgabe und Lösung nebeneinander liegen. Das wird so lange fortgesetzt, bis man am ENDE-Stein angekommen ist. Wer keinen passenden Stein hat, setzt aus.
Das Spiel ist bendet, wenn alle Steine in einer geschlossenen Kette liegen.

Beispiel:
Dominosteine:

START	Berechne $\frac{1}{3}$ von 22,5.
5	$1\frac{1}{2} : 1\frac{1}{2} = ?$
$\frac{1}{6}$	1,44 : 1,2 = ?
0,4	Kürze den Bruch $\frac{144}{60}$.
8	$\left(\frac{1}{2} - \frac{1}{3}\right) : \frac{1}{12} = ?$

7,5	Bestimme, welche Zahl in der Mitte zwischen 2,3 und 7,7 liegt.
1	$\frac{3}{4} \cdot \frac{8}{15} \cdot \frac{5}{12} = ?$
1,2	$2{,}65 - \left(1\frac{3}{4} + 0{,}5\right) = ?$
$2\frac{2}{5}$	Bestimme, wie viele Primzahlen zwischen 10 und 40 liegen.
2	ENDE

Walter Czech: 66 Spielideen Mathematik

1.19 Postkarten-Puzzle

20–30 Min.
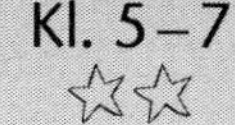
Kl. 5–7

Bildkarten mit (16) Lösungen, Briefumschlag (ohne Fenster) in der passenden Größe mit (16) Aufgabenfeldern, ggf. Extrablatt

Der Briefumschlag und das Lösungsbild müssen die gleiche Größe haben. Der Briefumschlag wird mit Aufgaben versehen und das Bild wird auf der Rückseite mit den dazugehörigen Lösungen beschriftet und passend zerschnitten. Die Puzzleteile werden im Briefumschlag aufbewahrt.

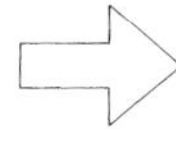
Vermischte Aufgaben zur Bruchrechnung

Spielverlauf:
Die Schüler lösen das Puzzle in Einzelarbeit.
Die Puzzleteile werden aus dem Umschlag herausgenommen und so hingelegt, dass die Lösungen sichtbar sind. Nun werden die Puzzleteile mit der Lösung nach unten auf die entsprechenden Aufgabenfelder gelegt. Die Nebenrechnungen werden auf einem Extrablatt, nicht auf den Puzzleteilen, notiert. Wenn alles richtig gerechnet wurde, erscheint das vollständige Bild.
Das Spiel endet, wenn das Lösungsbild korrekt und vollständig gelegt wurde.

Beispiel:
Aufgabenfelder:

Schreibe als Bruch: 2 : 6.	Kürze den folgenden Bruch: $\frac{26 \cdot 42}{56 \cdot 114}$.	Gib einen Bruch zwischen $\frac{3}{5}$ und $\frac{7}{9}$ an.	Berechne, wie viel Geld $\frac{8}{11}$ von 55 € sind.
Trage den fehlenden Nenner ein: $\frac{3}{4} = \frac{75}{\square}$.	Schreibe als Dezimalzahl: $\frac{9}{100}$.	Berechne, wie viel Gramm $\frac{1}{8}$ von 500 g sind.	Kürze die folgende Rechnung: $\frac{14 \cdot 15}{20 \cdot 21}$.
Gib die folgende Aufgabe als Bruch an: 24 min von 60 min.	Kürze den folgenden Bruch vollständig: $\frac{124}{536}$.	Notiere die folgende Zahl als Bruch: 0,75.	Schreibe $\frac{28}{33}$ als Produkt zweier Brüche.
Fülle die folgende Lücke: $\frac{3}{4}$ von $\square$ sind 12 m.	Erweitere den Bruch auf den angegebenen Nenner: $\frac{2}{5} = \frac{\square}{100}$.	Kürze den folgenden Bruch so weit wie möglich: $\frac{75}{800}$.	Vergleiche die folgenden Brüche und setze das passende Zeichen (< oder >) ein und begründe: $\frac{4}{5} \square \frac{5}{6}$.

  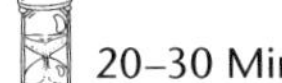 20–30 Min. 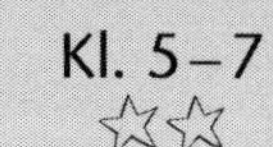

Kl. 5–7

16 Spielsteine mit jeweils 2 Brüchen (Bruch- und / oder Dezimalschreibweise), 1 undurchsichtige Tüte, 1 Würfel

Spielsteine aus Karton herstellen und für jedes Paar das Material bereitstellen.

Erweitern und Kürzen von Brüchen

Spielverlauf:
Die Schüler bilden Kleingruppen. Die Spielsteine werden in die Tüte gegeben und gemischt. Die Spieler ziehen so lange verdeckt und abwechselnd Spielsteine aus der Tüte, bis alle Spielsteine verteilt sind. Mit dem Würfel wird der Startspieler bestimmt.
Der Startspieler legt einen Spielstein in die Mitte des Tisches. Der nächste Spieler in der Reihe legt nun links oder rechts davon einen Stein an, der einen gleichwertigen Bruch zeigt. Er kann so viele passende Steine anlegen, wie zu diesem Zeitpunkt möglich sind. Anschließend ist der nächste Spieler an der Reihe. Wer keinen passenden Stein hat, setzt aus.
Gewonnen hat, wer als Erster alle Spielsteine anlegen konnte.

Beispiel:
Spielsteine:

$\frac{3}{8}$	$\frac{16}{96}$	$\frac{1}{6}$	$\frac{40}{72}$	$\frac{5}{9}$	$\frac{90}{100}$	0,9	$\frac{18}{24}$
0,75	$\frac{36}{72}$	0,5	$\frac{25}{125}$	0,2	$\frac{66}{121}$	$\frac{6}{11}$	$\frac{21}{56}$
0,375	$\frac{10}{16}$	$\frac{5}{8}$	$\frac{3}{14}$	$\frac{15}{70}$	$\frac{2}{7}$	$\frac{6}{21}$	$\frac{42}{49}$
$\frac{6}{7}$	$\frac{16}{48}$	$\frac{1}{3}$	0,3	$\frac{15}{50}$	$\frac{60}{72}$	$\frac{5}{6}$	0,8
$\frac{80}{100}$	$\frac{18}{30}$	0,6	$\frac{28}{42}$	$\frac{2}{3}$	$\frac{7}{9}$	$\frac{63}{81}$	$\frac{27}{72}$

1.21 Natürliche Zahlen erzielen

30 Min.

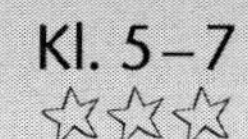

44 Spielplättchen (2 x 2 cm), jeder Bruch wird auf 4 Plättchen notiert, mögliche Nenner sind 3 und 6 oder 4 und 8; 1 undurchsichtige Tüte; 1 Spielwürfel; Papier und Stift

Spielplättchen aus Karton herstellen und das Material jedem Paar bereitstellen

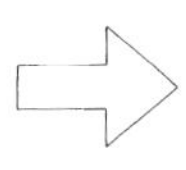

Addition und Subtraktion sowie natürliche Zahlen in der Bruchrechnung

Spielverlauf:

Die Schüler bilden Paare. Die Spielplättchen werden in die Tüte gegeben und gemischt. Nun wird mit dem Würfel der Startspieler bestimmt: Wer die höchste Augenzahl würfelt, beginnt. Anschließend ziehen die Spieler nacheinander jeweils sechs Spielplättchen aus der Tüte und legen diese mit der Zahl offen vor sich auf den Tisch.

Der Startspieler versucht nun durch Addieren oder Subtrahieren der sechs Brüche eine natürliche Zahl als Ergebnis zu erzielen. Jedes Plättchen darf dabei nur einmal benutzt werden. Für jede gelungene Kombination erhält der Spieler einen Punkt. Die verwendeten Plättchen kommen zur Seite auf einen Ablagehaufen. Nun ist der nächste Spieler an der Reihe. Wer mit seinen Plättchen keine natürliche Zahl als Ergebnis bilden kann, muss auf das Ziehen weiterer Plättchen warten.

In den nächsten Runden ziehen die Spieler jeweils vier Plättchen aus der Tüte und versuchen wieder durch Addieren oder Subtrahieren der Brüche eine natürliche Zahl als Ergebnis zu erhalten. Dies wird so lange wiederholt, bis keine Plättchen mehr in der Tüte sind.

Gewonnen hat, wer am Ende die meisten Punkte hat.

Beispiel:

Weitere Brüche (auch immer viermal vorhanden): $\frac{2}{3}, \frac{4}{3}, \frac{5}{3}, \frac{2}{6}, \frac{3}{6}, \frac{4}{6}, \frac{5}{6}, \frac{7}{6}, \frac{8}{6}$

52 Spielplättchen (2 x 2 cm), jeder Bruch wird auf 4 bzw. 6 Plättchen notiert, Nenner so wählen, dass natürliche Zahlen entstehen können; 1 undurchsichtige Tüte; 1 Spielwürfel; Papier und Stift

Spielplättchen aus Karton herstellen und das Material jedem Paar bereitstellen

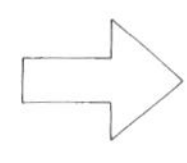

Addition und Subtraktion sowie natürliche Zahlen in der Bruchrechnung und bei Dezimalzahlen

Spielverlauf:
Die Schüler bilden Paare. Die Spielplättchen werden in die Tüte gegeben und gemischt. Nun wird mit dem Würfel der Startspieler bestimmt: Wer die höchste Augenzahl würfelt, beginnt. Anschließend ziehen die Spieler nacheinander jeweils sechs Spielplättchen aus der Tüte und legen diese mit der Zahl offen vor sich auf den Tisch.
Der Startspieler versucht nun durch Addieren oder Subtrahieren der sechs Brüche eine natürliche Zahl als Ergebnis zu erzielen. Jedes Plättchen darf dabei nur einmal benutzt werden. Für jede gelungene Kombination erhält der Spieler einen Punkt. Die verwendeten Plättchen kommen zur Seite auf einen Ablagehaufen. Nun ist der nächste Spieler an der Reihe. Wer mit seinen Plättchen keine natürliche Zahl als Ergebnis bilden kann, muss auf das Ziehen weiterer Plättchen warten.
In den nächsten Runden ziehen die Spieler jeweils fünf Plättchen aus der Tüte und versuchen wieder durch Addieren oder Subtrahieren der Brüche eine natürliche Zahl als Ergebnis zu erhalten. Dies wird so lange wiederholt, bis keine Plättchen mehr in der Tüte sind.
Gewonnen hat, wer am Ende die meisten Punkte hat.

Beispiel:

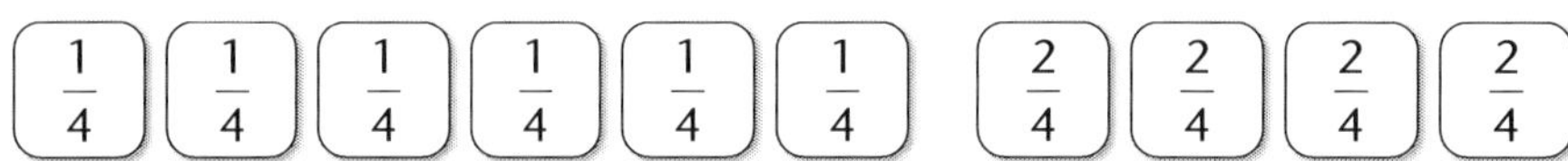

Weitere Brüche (immer sechsmal vorhanden): $\frac{1}{2}$; 0,25; 0,5

Weitere Brüche (immer viermal vorhanden): $\frac{3}{4}$; $\frac{3}{2}$; 0,75; 1,25; 1,5; 1,75

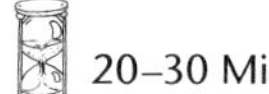

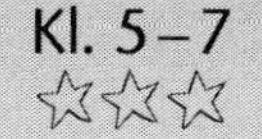

50 Spielplättchen (2 x 2 cm), dabei wird jedes Plättchen mit echten Bruchzahlen beschriftet, ihre Nenner werden so gewählt, dass das Erweitern der Brüche auf den gemeinsamen Nenner im Kopf erfolgen kann; 1 undurchsichtige Tüte; 1 Spielwürfel; Papier und Stift

Jeder Gruppe das Material bereitstellen.

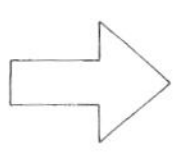

Addition und Subtraktion in der Bruchrechnung und bei Dezimalzahlen

Spielverlauf:
Die Schüler bilden Kleingruppen mit zwei oder drei Personen. Die Spielplättchen werden in die Tüte gegeben und dort gemischt. Anschließend erhält jeder Spieler sechs Kärtchen. Die übrigen Kärtchen werden mit der Beschriftung nach unten als Stapel abgelegt. Der Startspieler wird mit dem Würfel ermittelt: Wer die höchste Augenzahl würfelt, beginnt. Der Startspieler zieht drei Kärtchen vom Stapel und verbindet mindestens zwei Kärtchen durch Addition und/oder Subtraktion so, dass als Ergebnis genau die Zielzahl 1 erreicht wird. Gelingt ihm das, bekommt er für jede Kombination einen Punkt. Anschließend zieht der nächste Spieler drei Kärtchen und versucht ebenfalls die Zielzahl 1 zu erreichen. Die Spieler ziehen so lange Kärtchen nach, bis der Stapel aufgebraucht ist. Die Kärtchen auf der Hand werden ausgespielt. Sobald ein Spieler keine gültige Kombination mehr bilden kann, ist für ihn das Spiel beendet.
Gewonnen hat, wer die meisten Punkte bekommen hat.

Beispiel:
Mögliche Kärtchen:

$\frac{1}{2}, \frac{1}{2}$ $\frac{1}{3}, \frac{1}{3}, \frac{2}{3}$ $\frac{1}{4}, \frac{2}{4}, \frac{3}{4}$ $\frac{1}{5}, \frac{1}{5}, \frac{2}{5}, \frac{3}{5}, \frac{4}{5}, \frac{4}{5}$ $\frac{1}{6}, \frac{1}{6}, \frac{2}{6}, \frac{3}{6}, \frac{4}{6}, \frac{5}{6}$

$\frac{1}{8}, \frac{1}{8}, \frac{3}{8}, \frac{4}{8}, \frac{5}{8}, \frac{5}{8}, \frac{7}{8}$ $\frac{1}{10}, \frac{1}{10}, \frac{2}{10}, \frac{3}{10}$ $\frac{1}{12}, \frac{1}{12}, \frac{3}{12}, \frac{4}{12}, \frac{4}{12}, \frac{5}{12}, \frac{5}{12}$

$\frac{1}{15}, \frac{1}{15}, \frac{2}{15}, \frac{4}{15}, \frac{7}{15}$ $\frac{1}{24}, \frac{1}{24}, \frac{2}{24}, \frac{3}{24}, \frac{5}{24}, \frac{9}{24}, \frac{16}{24}$

Beispielaufgabe:

$$\boxed{\frac{5}{6}} - \boxed{\frac{1}{6}} + \boxed{\frac{1}{3}} = 1$$

1.24 Einfache Terme würfeln

20 Min.

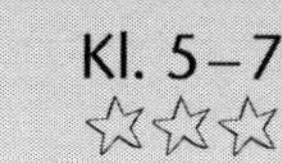

1 Spielwürfel, 1 Blankowürfel (beschriftet mit den Rechenzeichen + und –)

Blankowürfel vorbereiten und die Grundstruktur des Terms an die Tafel schreiben. Für jede Gruppe das Material bereitstellen.

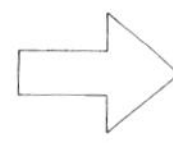
Vermischte Grundrechenarten, Rechenregeln und Klammerterme im Bereich der ganzen Zahlen

Spielverlauf:
Die Anzahl der Spielrunden wird festgelegt und die Schüler bilden Paare oder Vierergruppen.
Ein Spieler beginnt und würfelt mit beiden Würfeln gleichzeitig. Er erhält so eine positive bzw. negative Zahl, die er notiert. Dies wiederholt er noch dreimal, sodass er vier Zahlen erhält. Diese vier Zahlen müssen nun so im vorgegebenen Term eingesetzt werden, dass das Ergebnis möglichst groß wird. Dazu können auch Klammern eingesetzt werden. Die gesamte Gruppe arbeitet an dieser Lösung. Nun erwürfelt der nächste Spieler vier ganze Zahlen und wieder löst die gesamte Gruppe die Gleichung. Das Spiel endet mit der letzten Runde. Die Gruppe ermittelt ihre Punkte:

- jeder richtige Ansatz: 3 Pluspunkte
- jeder Rechenfehler: 1 Minuspunkt
- falscher Ansatz, sonst fehlerfrei: 1 Pluspunkt
- falscher Ansatz und 1 Fehler in der Rechnung: 0 Punkte

Gewonnen hat die Gruppe, die am meisten Punkte erzielt hat.

Beispiel:
vorgegebener Term:

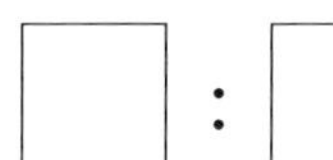
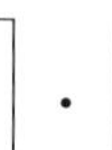

$\square : \square \cdot \square + \square = ?$

gewürfelte Zahlen: +5 ; –2; +3; –6

Möglicher Term:

$(-6 : -2) \cdot +5 + +3 = \mathbf{18}$

1.25 Zahlen-Fußball

10 Min. / Runde

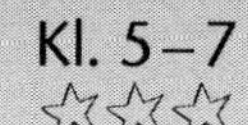

Kl. 5–7

1 Fußballfeld, 1 Münze, Papier und Stift

Für jedes Paar ein Fußballfeld kopieren und das Material bereitstellen.

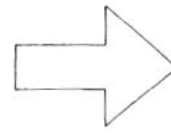

Grundrechenarten im Bereich der ganzen Zahlen

Spielverlauf:
Die Schüler bilden Paare, bei denen immer ein Spieler eine Mannschaft repräsentiert, hier die Mannschaften A und B. Durch das Werfen einer Münze wird entschieden, wer beginnt, hier Spieler A. Auf dem Spielfeld sind „Bälle" (Kreise mit Zahlen) und die „Tore" (Kästen mit Zahlen) eingezeichnet, s. Beispiel.
Der Startspieler (Spieler A) beginnt mit dem „Balleinwurf", d.h. er wählt einen „Ball" aus. Spieler B verbindet diese Zahl durch eine Grundrechenart mit einem anderen „Ball" und erhält den Zwischenstand X. So „schießen" die Spieler immer abwechselnd aufs gegnerische „Tor". Sie versuchen also, diese Zielzahl zu erreichen. Nach jedem „ Tor" wird das Spiel mit einem „Balleinwurf" des getroffenen Spielers fortgesetzt. Dabei ist natürlich darauf zu achten, dass keine „Eigentore" fallen und dem Gegner keine günstigen „Bälle" zugeschoben werden. Der Spielverlauf kann in einer Tabelle festgehalten werden. Gewonnen hat, wer die meisten „Tore" „geschossen" hat

Variante:
Die erlaubten Rechenoperationen werden eingeschränkt.

Beispiel:

Mögliches Spielfeld:

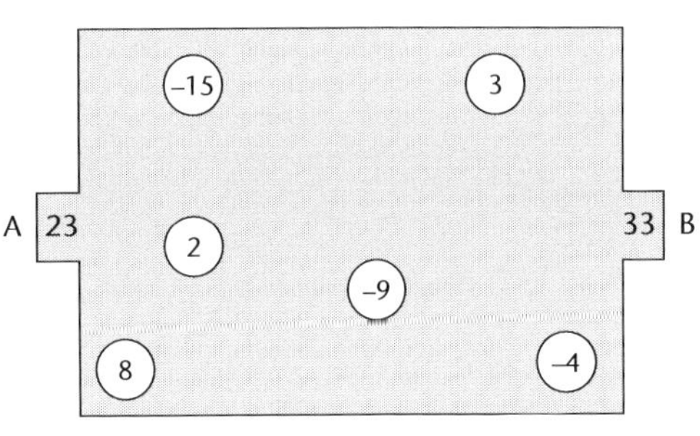

Möglicher Spielverlauf (Runde 1):

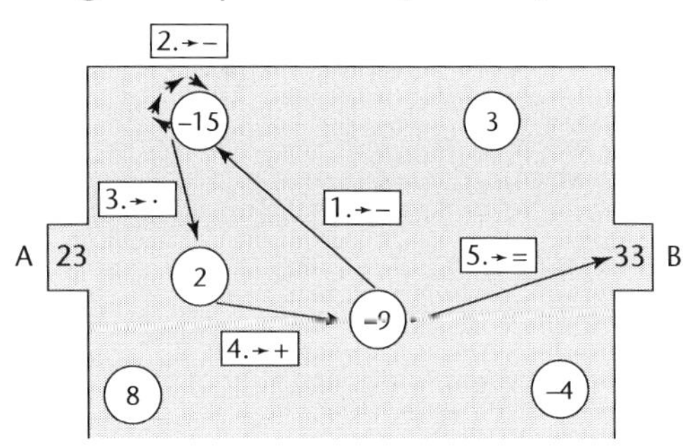

Runde 1: $[(-9)-(-15)-(-15)]\cdot 2+(-9) = 33$

Mögliche Tabelle für den Spielstand:

	Balleinwurf	1. Pass	2. Pass	3. Pass	4. Pass	Usw.
Runde 1						
A	–9		–(–15)		–9	
B		–(–15)		· 2		
Stand		6	21	42	33	

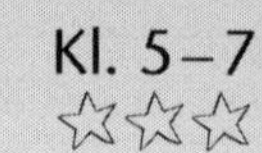

1 Spielplan (Spiel 1.16, S. 22), 20 Ereigniskarten, 2 Würfel, Papier und Stifte

Für jedes Paar das Material bereitstellen.

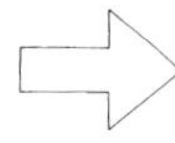

Aufstellen von Termen und vermischte Rechnungen im Bereich der rationalen Zahlen

Spielverlauf:
Die Schüler bilden Paare und richten das Material (s. o.). Die Ereigniskarten werden gemischt und verdeckt auf den Tisch gelegt. Der ältere Spieler beginnt.
Der Startspieler würfelt nacheinander mit den Würfeln und ermittelt so, wie in einem Koordinatensystem, eine Zahl. Dabei gibt die erste Augenzahl die waagrechte, die zweite Augenzahl die senkrechte Position an. Anschließend zieht er eine Ereigniskarte und führt diese Rechnung aus. Der Mitspieler kontrolliert die Lösung. Ist sie richtig, behält der Spieler die Karte. Ist sie falsch, wird diese Ereigniskarte zurück, unter den Stapel, gelegt.
Nun ist der Mitspieler an der Reihe.
Gewonnen hat, wer die meisten Ereigniskarten sammeln konnte.

Beispiel:
Wurf 1: 2
Wurf 2: 1
ermittelte Zahl: $\frac{2}{8}$ (s. Spielplan)

Spielplan: s. Spiel 1.16, S. 22

Ereigniskarten:

Subtrahiere von 4 dem Doppelten deiner Zahl.	Verdreifache deine Zahl.	Bilde die Hälfte deiner Zahl.

- Dividiere deine Zahl durch $\frac{1}{5}$.
- Vermindere das Doppelte deiner Zahl um 1.
- Schreibe deine Zahl als Dezimalbruch.
- Vermehre deine Zahl um 2 und verdopple diese Summe.
- Multipliziere deine Zahl mit 0,75.
- Subtrahiere deine Zahl von 1.
- Vermindere deine Zahl um 1 und verdopple diese Differenz.
- Multipliziere deine Zahl mit sich selbst und vermindere diesen Wert um 1.
- Dividiere $\frac{1}{5}$ durch deine Zahl.
- Vermindere 1 um das Doppelte deiner Zahl.
- Addiere 3 zum Dreifachen deiner Zahl.
- Dividiere deine Zahl durch 4.
- Multipliziere deine Zahl mit sich selbst.
- Multipliziere deine Zahl mit 960 und kürze so weit wie möglich.
- Multipliziere deine Zahl mit $\frac{3}{4}$.
- Addiere 0,5 zu deiner Zahl.
- Vermindere das Doppelte deiner Zahl um 1.

1.27 Mäander

20 Min.

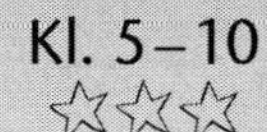

24 gleiche quadratische Plättchen (2 x 2 cm), auf denen Viertelkreise so eingezeichnet sind, dass durch Anlegen durchgehende Linien erzeugt werden können.

Für jede Gruppe ein Satz Quadratplättchen bereitstellen.

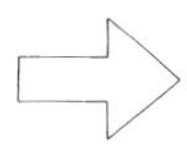

Schulung von Vorstellungsvermögen bei Kreisen, Kreisbogen und Kreisausschnitten

Spielverlauf:
Die Schüler bilden Paare und legen mit den 24 Plättchen ein großes Quadrat (5 x 5 Plättchen), bei dem das mittlere Feld frei bleibt.
Der Startspieler beginnt und verschiebt einzelne Plättchen (parallel zu einer Quadratseite). Er darf auch mehrere Plättchen auf diese Weise verschieben. Diese müssen aber entweder nebeneinander oder übereinander in einer Reihe liegen. Nach jedem Zug wechselt der Spieler. Die Spieler versuchen jeweils eine durchgehende Linie zu erzeugen, die zwei Seiten des Spielfeldes miteinander verbindet.
Gewonnen hat, wer als Erster diese durchgehende Linie erzielen konnte.

Varianten:
- Die Seiten des Spielfeldes, die durch eine zusammenhängende Linie verbunden werden sollen, werden vorgegeben.
- Die Schüler spielen in Einzelarbeit und versuchen, mit möglichst wenig Verschiebungen das Ziel zu erreichen.
- Die Schüler spielen in Einzelarbeit und versuchen, eine möglichst lange zusammenhängende Linie zwischen zwei Seiten des Spielfeldes zu erzeugen.

Beispiel:

Ein Plättchen:

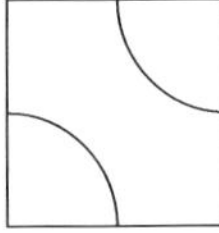

Ein Zwischenstand:

2.1 Terme aufgereiht

20 Min.

Kl. 7

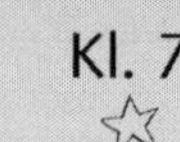

12 Spielkarten

Für jedes Paar einen Satz Spielkarten vorbereiten.

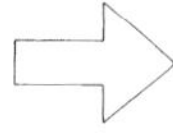

Sprachliche und symbolische Darstellungen von einfachen Termen

Spielverlauf:
Die Schüler bilden Paare. Die Karte mit „Start" wird in die Mitte gelegt. Die restlichen Karten werden gemischt und als Stapel auf den Tisch gelegt. Jeder Spieler zieht drei Karten. Der Startspieler wird bestimmt.
Der Startspieler vergleicht das Textfeld der Start-Karte mit seinen Karten. Hat er die Karte, die zum Wortlaut des Textfeldes die gleichwertige symbolische Darstellung zeigt, darf er sie anlegen. Kann er nicht anlegen, zieht er zwei neue Karten vom Stapel und legt dafür zwei seiner Handkarten verdeckt unter den Stapel. Sobald ein Spieler nicht oder nicht mehr anlegen kann, ist der Mitspieler an der Reihe.
Gewonnen hat, wer als Erster keine Handkarten mehr hat.

Variante:
Die Kartenreihe wird von beiden Spielern gemeinsam als Team ausgelegt. In diesem Fall können auch Teams verglichen werden.

Beispiel:
Spielkarten:

START	Das Dreifache einer Zahl um 2 vermindern.	$3x-2$	3 vom Doppelten einer Zahl wegnehmen.	$2x-3$	4 zum Vierfachen einer Zahl addieren.
$4x+4$	Eine Zahl um 4 vermehren und diese Summe verdoppeln.	$(x+4)\cdot 2$	Von 7 das Doppelte einer Zahl wegnehmen.	$7-2x$	Die Hälfte einer Zahl.
$x:2$	Das Vierfache der Summe aus einer Zahl und 4.	$(x+4)\cdot 4$	5 um den dritten Teil einer Zahl vergrößern.	$5+\frac{x}{3}$	Eine durch 11 geteilte Zahl um 3 vergrößern.
$\frac{x}{11}+3$	Ein Viertel der Summe aus 25 und dem Doppelten einer Zahl.	$(25+2x):4$	Das Doppelte der Differenz aus 33 und 54.	$(33-54)\cdot 2$	ENDE

2.2 Produkt-Labyrinth

 1 Zahlenfeld, 1 Taschenrechner, Papier und Stift

 Das Zahlenfeld für jeden Schüler dreimal kopieren.

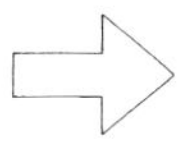 Multiplikation von Dezimalzahlen mit dem Taschenrechner

Spielverlauf:
Die Schüler spielen in Einzelarbeit. Die Zeit wird festgelegt und der Lehrer gibt das Startsignal.
Jeder Spieler sucht einen Weg von A nach B. Die Zahlen entlang des Weges werden multipliziert. An jeder Ecke muss die „Laufrichtung" gewechselt werden. Wenn B erreicht wurde, muss das Produkt möglichst klein sein. Jeder Spieler hat drei Versuche. Denkt ein Spieler dieses Ziel erreicht zu haben, ruft er „fertig". Sein Ergebnis wird mit dem der anderen verglichen und der Rechenweg überprüft.
Hat dieser Spieler richtig gerechnet und tatsächlich das kleinste Ergebnis, hat er gewonnen. Gibt es ein kleineres Ergebnis, gewinnt der entsprechende Mitspieler. Ist die festgelegte Zeit vorbei, endet das Spiel ebenfalls und die Produkte und Rechenwege werden verglichen.

Variante:
Der Weg muss so gewählt werden, dass das Produkt möglichst groß ist. Auch hier gibt es drei Versuche.

Beispiel:

Zahlenfeld:

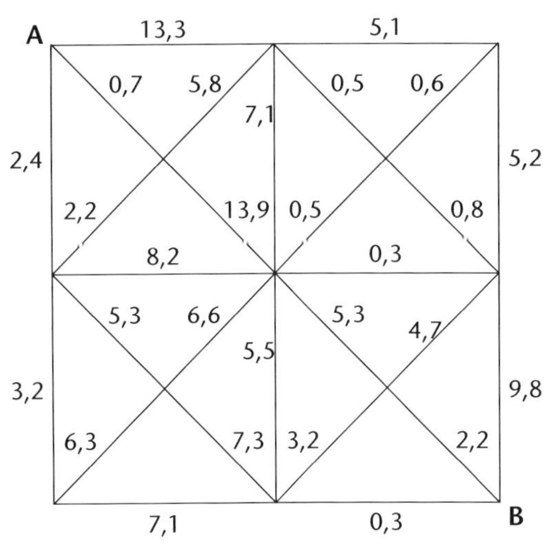

Rechnung:

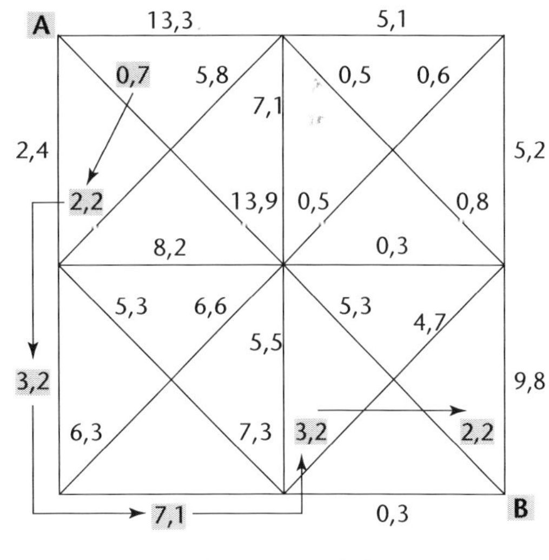

$0{,}7 \cdot 2{,}2 \cdot 3{,}2 \cdot 7{,}1 \cdot 3{,}2 \cdot 2{,}2$
$= 246{,}321\,152 \approx 246{,}3$

2.3 Teiler gesucht

20 Min.

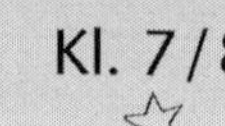

Kl. 7/8

1 Spielfeld, 20 Termkarten (5 x 2 cm), 1 Sanduhr, Papier und Stifte (ggf. verschiedene Farben)

Die Termkarten (in Anzahl der Gruppen) aus Karton erstellen bzw. laminieren und das Spielfeld in Anzahl der Schüler kopieren.

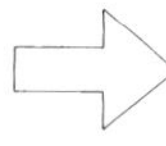

Teiler (mit Variablen) von Termen (mit Variablen)

Spielverlauf:
Die Schüler bilden Gruppen von zwei bis drei Personen und verteilen das Material. Die Termkarten werden verdeckt als Stapel auf den Tisch gelegt. Der Jüngste beginnt.
Er zieht die oberste Termkarte und dreht die Sanduhr um. Gleichzeitig suchen nun alle Spieler im Spielfeld möglichst viele passende Teiler zum gezogenen Term und markieren sie. Wer die meisten Teiler finden konnte, erhält für diese Spielrunde einen Punkt. Bei Gleichstand erhält jeder der betroffenen Spieler einen Punkt. Es werden mehrere Runden gespielt. Die Teiler dürfen in jeder Runde erneut verwendet und markiert werden. Gewonnen hat, wer am Ende die meisten Punkte hat.

Beispiel:
Spielfeld:

x^3	x^2	x	xy	$3x$
y^2	y	x^2y^2	xy^2	$4x^2$
$4y$	$6x^2$	3	$8x^2y^2$	$3xy$
y^3	yx^2	$5xy$	$(xy)^2$	x^4
12	$12x^2y$	$12x$	15	$15x$

Termkarten:

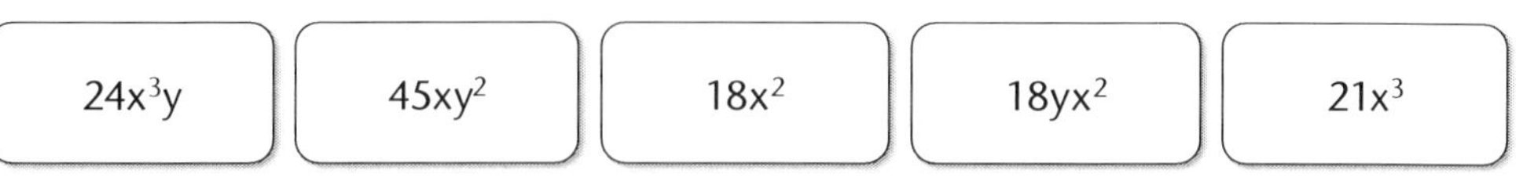

$24x^3y$ | $45xy^2$ | $18x^2$ | $18yx^2$ | $21x^3$

x^2+xy | x^3+x^2y | $4x^2y^3+xy^3$ | $60x$ | $72xyz$ | $60z$ | $5(xy)^2$ | $x+y$

$xy+y$ | x^2+x^2y | $x+x^2$ | $10x^2-x^2$ | y^2+xy | $48xy$ | $48x+12x$

Walter Czech: 66 Spielideen Mathematik

2.4 Terme kreuz und quer

15 Min.

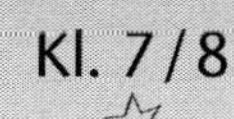

Kl. 7/8

1 Spielplan, 1 Würfel, Spielfiguren

Material in Anzahl der Gruppen bereitstellen.

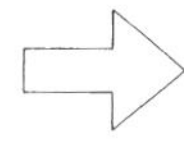

Einfache Terme und Gleichungen im Bereich der ganzen Zahlen

Spielverlauf:
Die Schüler bilden Gruppen mit zwei oder drei Personen. Wer die größte Augenzahl würfelt, ist Startspieler. Alle beginnen beim Start.
Der Startspieler würfelt und setzt die Augenzahl für die Variable ein. Das Ergebnis gibt an, wie viele Felder er vorwärts gehen darf. So würfeln die Mitspieler nacheinander und bewegen sich so mit ihren Spielfiguren über das Spielfeld. Ab dem zweiten Wurf rücken die Spieler entsprechend dem jeweiligen Ergebnis vorwärts bzw. rückwärts.
Gewonnen hat, wer als Erster das Ziel erreicht hat.

Beispiel:
Spielfeld:

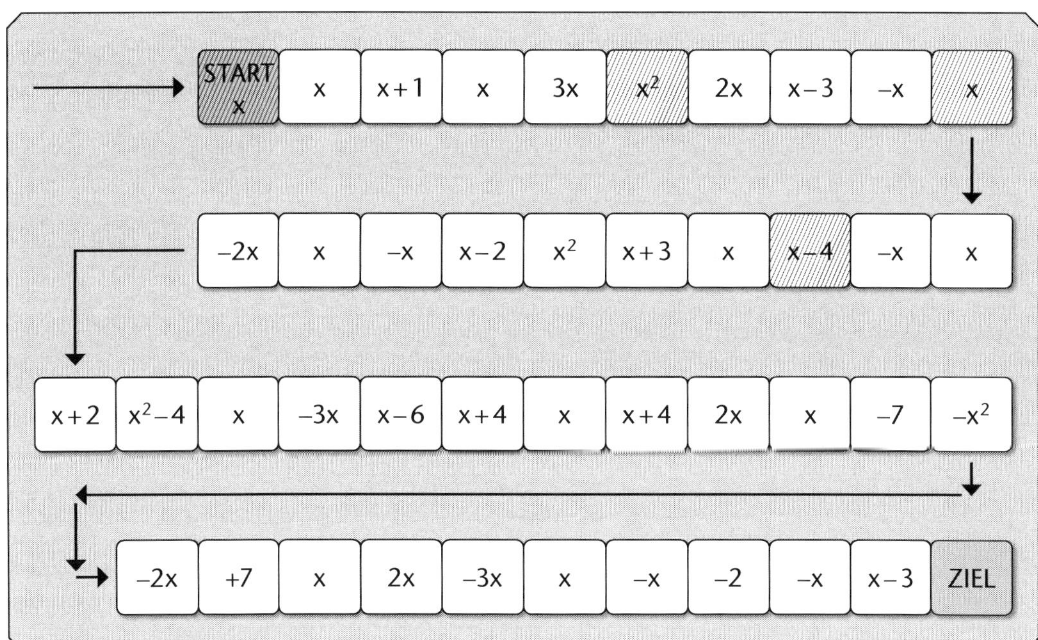

Weg von Spieler 1:
Wurf 1: 5 → Term: x → also 5 Felder vor
Wurf 2: 2 → Term: x^2 → also 4 Felder vor
Wurf 3: 3 → Term: x → also 3 Felder vor
Wurf 4: 2 → Term: $x-4$ → also 2 Felder zurück
Usw.

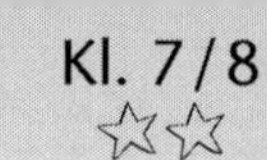

1 Spielfeld (Feld A, Feld B, 3 x 3-Feld); 1 Münze; 1 Taschenrechner; 2 verschiedene Farbstifte

Das Spielfeld in Anzahl der Schüler kopieren.

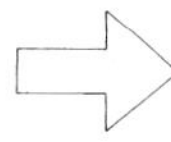

Multiplikation großer natürlicher Zahlen mit dem Taschenrechner

Spielverlauf:
Die Schüler bilden Paare. Der Startspieler wird mit einer Münze ermittelt.
Er wählt eine Zahl aus Feld A und eine Zahl aus Feld B und multipliziert sie mit dem Taschenrechner. In der 3 x 3-Tabelle markiert er in seiner Farbe den Wert, der am nächsten zu seinem Produkt liegt. Nun ist der Mitspieler an der Reihe. Die Spieler versuchen immer drei Zahlen in einer Reihe markieren zu können; dies geht waagrecht, senkrecht oder auch diagonal.
Gewonnen hat, wer als Erster eine vollständige Reihe hat.

Beispiel:

Feld A

22 30 54 19

Feld B

42 29 59 53

3 x 3-Feld

925	1 300	1 120
2 270	800	1 570
550	3 190	640

2 Würfel, Papier und Stift

Material für jede Gruppe bereit stellen.

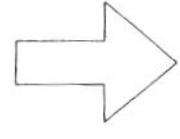
Kombinatorik und Wahrscheinlichkeit

Spielverlauf:
Die Schüler bilden Gruppen mit drei Personen und legen fest, wer bei welchen Augensummen gewinnt. Jeder Spieler kann bei drei oder vier Augensummen gewinnen, dabei darf jede Augensumme nur einmal vergeben werden.
Der Startspieler würfelt mit beiden Würfeln gleichzeitig und markiert die geworfene Summe in der Liste mit einem Strich. Anschließend würfeln die anderen ihre Summen und markieren sie in der Liste. Es werden zehn Runden gespielt. Abschließend werden die Punkte ermittelt. Jeder Spieler erhält nur für die Summen Punkte, auf die er auch gewettet hat. Hat er eine dieser Summen öfter geworfen, bekommt er für jeden „Treffer" einen Punkt.
Gewonnen hat, wer die meisten Punkte erreicht hat.
Anschließend wird darüber diskutiert, ob diese Spielregel fair ist und wie sie ggf. zu verändern ist, damit sie fair wird.

Beispiel:
„Wetten": Spieler A: Augensummen 2, 3, 4 oder 5.

Spieler B: Augensummen 6, 7 oder 8.

Spieler C: Augensummen 9, 10, 11 oder 12.

Strichliste:

Summen	2	3	4	5	6	7	8	9	10	11	12	Punkte
Spieler A	|	|	–	–	||	||	|	|	|	–	|	2
Spieler B	–	|	|	|	|	|	|||	|	|	–	–	5
Spieler C	–	|	|	|	|	||	|	|	|	|	–	3

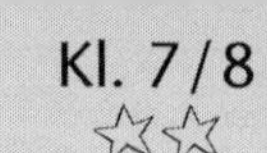

8 Karten mit einfachen Termen mit einer Variablen, 1 Liste mit (quadratischen) Ergebnis-Termen mit nur einer Variablen, Papier und Stift

Für jede Gruppe eine Liste kopieren und einen Satz bereitstellen.

Multiplikation von Termen mit einer Variablen

Spielverlauf:
Die Schüler bilden Kleingruppen. Die Karten werden gemischt und verdeckt auf den Tisch gelegt. Die Anzahl der Runden bzw. die Dauer des Spiels wird festgelegt. Der jüngste Spieler beginnt.
Er zieht zwei Karten und prüft, ob das Produkt der gezogenen Terme als Ergebnis-Term in der Liste aufgeführt ist. Ist das der Fall, bekommt er einen Punkt, wenn nicht, legt er die gezogenen Karten verdeckt zurück auf den Tisch. Die Spieler ziehen und rechnen im Uhrzeigersinn. Das Spiel endet, wenn alle vereinbarten Runden gespielt wurden oder die entsprechende Zeit abgelaufen ist.
Gewonnen hat, wer die meisten Punkte hat.

Beispiel:
Term-Karten:

$-(x+1)$	$(x+1)$	$-(1-x)$	$(4-3x)$
$(2x+3)$	$-(-x-1)$	$(-3x+1)$	$(4x-2)$

Liste der Ergebnis-Terme:

$-x^2-2x-1$	$(x+1)^2$	$-(1-x^2)$	$2(x+1)^2$
$-(x+1)^2$	x^2-1	$-3x^2+x+4$	$-2(1-x^2)$
$(1-x)^2$	$2(1-x^2)$	$-2(x^2-1)$	$-2(x-1)^2$
$3x^2-x-4$	$3x^2-7x+4$	$-(3x+1)^2$	$(4x-2)^2$
$-12x^2+10x-2$	$1-x^2$	$-(x+1)^2$	

2.8 Vierer-Reihe

30 Min.

Kl. 7/8 ☆☆

1 Arbeitsblatt (16 Aufgaben und ihre 16 Lösungen, durcheinander im Vierer-Feld), 1 Taschenrechner, Stift

Das Arbeitsblatt in Anzahl der Schüler kopieren.

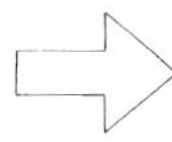

Einfache Gleichungen im Bereich der ganzen Zahlen, Überschlagsrechnung, Rechenregeln (auch mit Klammern)

Spielverlauf:
Die Schüler spielen in Einzelarbeit gegeneinander. Die Spieldauer wird festgelegt und der Lehrer gibt das Startsignal.
Die Schüler lösen die Aufgaben und markieren die gefundenen Lösungen im Vierer-Feld.
Ziel ist es, vier Zahlen in einer Reihe (waagrecht, vertikal oder diagonal) markieren zu können.
Eine mögliche Strategie ist es, das mögliche Ergebnis einer Aufgabe zunächst mit Überschlag zu ermitteln und bei guten Erfolgschancen auf einen „Treffer" das Ergebnis anschließend mit dem Taschenrechner zu ermitteln.
Gewonnen hat, wer als Erster eine vollständige Reihe hat.

Beispiel:
Aufgaben:

(1) $x+14{,}6 = 16{,}79$ (Lösung: $x = 2{,}19$)

(2) $5x = 33{,}8$ (Lösung: $x = 6{,}76$)

(3) $6x-12{,}1 = 18{,}5$ (Lösung: $x = 5{,}1$)

(4) $\frac{1}{12}x = 7{,}5$ (Lösung: $x = 90$)

(5) $12{,}65-\frac{3}{5}x = 5$ (Lösung: $x = 12{,}75$)

(6) $3{,}14x+12{,}8 = 6{,}52$ (Lösung: $x = -2$)

(7) $2{,}4x+13{,}7 = 1{,}4x-12{,}3$ (Lösung: $x = -26$)

(8) $6{,}34x-2{,}77 = 4{,}34x+13{,}63$ (Lösung: $x = 8{,}2$)

(9) $10{,}8-3{,}9x = 24{,}95-2{,}9x$ (Lösung: $x = -14{,}15$)

(10) $11{,}7-1{,}6x = 5{,}8x-7{,}54$ (Lösung: $x = 2{,}6$)

(11) $-1{,}5(2x+0{,}13) = 5{,}5x-17{,}195$ (Lösung: $x = 2$)

(12) $10\cdot[x-(3{,}2x+10)] = -199$ (Lösung: $x = 4{,}5$)

(13) $5{,}6\cdot(x-4{,}92) = 4{,}2\cdot(x-4{,}52)$ (Lösung: $x = 6{,}12$)

(14) $-2\cdot[3{,}8x-3{,}8(x+2)] = 15{,}2-x$ (Lösung: $x = 0$)

(15) $15\cdot(4{,}4x+3{,}5x-8) = 685{,}7+3{,}4x$ (Lösung: $x = 7$)

(16) $17\cdot[4{,}1x-3{,}4(x+8{,}6)] = -(5{,}08+11{,}1x+193)$ (Lösung: $x = 13$)

Vierer-Feld:

–2	2,19	–14,15	7
90	0	6,12	5,1
4,5	13	6,76	8,2
2	–26	12,75	2,6

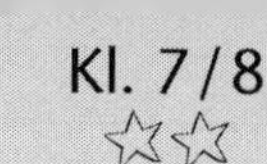

1 Arbeitsblatt (9 Aufgaben und 1 magisches Quadrat), 1 Taschenrechner, Stift

Das Arbeitsblatt in Anzahl der Schüler kopieren.

Lösung linearer Gleichungen, Ermittlung und Vergleichen von Summen

Spielverlauf:
Die Schüler spielen in Einzelarbeit gegeneinander. Die Spieldauer wird festgelegt und der Lehrer gibt das Startsignal.
Die Schüler lösen die Gleichungen mithilfe des Taschenrechners und tragen das Ergebnis an der vorgesehenen Stelle im magischen Quadrat ein. Anschließend prüfen sie mithilfe der Summen im magischen Quadrat, ob sie richtig gerechnet haben. Im magischen Quadrat ergibt die Summe aus jeder Zeile, jeder Spalte und jeder Diagonale dieselbe magische Zahl. Diese Zahl wird zum Schluss ermittelt.
Gewonnen hat, wer als Erster alles richtig berechnet sowie eingetragen hat und so die magische Zahl ermittelt hat.

Beispiel:
Aufgaben:

a) $x - 8,52 = 6,25 : 2,5$

b) $x + 13,47 = 21,43$

c) $0,91 + x = 11,57$

d) $-4,39 + x = 19,56 - 14,43$

e) $308,7 = 318,58 - x$

f) $x - 2 \cdot 3,55 = 3,14$

g) $-23,72 = -14,62 + (-x)$

h) $19,2 - 2x = -2 \cdot 2,2$

i) $2(x - 3,24) = 121 : 11$

Magisches Quadrat (gelöst):

a) 11,02	b) 7,96	c) 10,66
d) 9,52	e) 9,88	f) 10,24
g) 9,1	h) 11,8	i) 8,74

Magische Zahl: 29,64

1 Aufgabenlabyrinth, 1 Taschenrechner, Papier und Stift

Das Arbeitsblatt in Anzahl der Schüler kopieren.

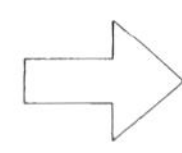

Lösen einfacher Gleichungen

Spielverlauf:
Die Schüler spielen in Einzelarbeit gegeneinander. Die Spieldauer wird festgelegt und der Lehrer gibt das Startsignal.
Die Schüler lösen die Gleichungen des Aufgabenlabyrinths mithilfe des Taschenrechners und zeichnen den versteckten Weg ein. Er beginnt bei START und endet am ZIEL. Der erste Schritt ist vorgegeben. Das Ergebnis im Startfeld ist eine Dezimalzahl mit zwei Nachkommastellen. Das nächste Feld in der Reihe liegt in gerader Linie zu diesem Feld, also darüber bzw. darunter oder links bzw. rechts davon. Welches der vier möglichen Felder es ist, hängt vom jeweiligen Ergebnis ab. Es muss mit diesen Nachkommastellen beginnen.
Gewonnen hat, wer als Erster das Ziel erreicht hat.

Beispiel:

„Weg" der Lösungen: (Start) 23,94 → 94,12 → 12,24 → 24,xx → usw. → Ziel

Aufgabenlabyrinth:

START $\frac{1}{7}x = 3{,}42$ $x =$ 23,94	$13x = 150{,}02$ $x =$ 11,54	$2x = \frac{483}{3}$ $x =$	$\frac{x}{9} = 9$ $x =$
↓ $3x = 282{,}36$ $x =$ 94,12	→ $3{,}25\,x = 39{,}78$ $x =$ 12,24	$3x = \frac{1\,248}{25}$ $x =$	$\frac{1}{9}x + 5{,}51 = 12{,}6$ $x =$
$8x = 390:3$ $x =$ 16,25	$-4x = -98{,}64$ $x =$	$\frac{1}{6}x = 11{,}04$ $x =$	$2x - 4{,}66 = 44{,}6$ $x =$
$6x = 206{,}48$ $x =$	$x:4 = 20{,}36$ $x =$	$3x - 31{,}48 = 101$ $x =$	$6x + 11{,}05 = 393{,}79$ $x =$
$6{,}25\,x = 141$ $x =$	$3x = 48{,}75$ $x =$	$0{,}75x = 9{,}12$ $x =$	$\frac{1}{9}x + 4{,}51 = 6{,}67 \cdot 2$ $x =$ ZIEL

2.11 Gleichungen würfeln

variabel

Kl. 7/8

1 Spielplan, 3 Würfel (6er, 12er, 20er), Papier und Stift

Für jede Gruppe das Material bereitstellen.

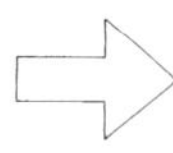

Lösen einfacher Gleichungen

Spielverlauf:
Die Schüler bilden Gruppen von drei oder vier Personen und spielen als Team.
Die Spieldauer wird festgelegt und der Lehrer gibt das Startsignal.
Ein Spieler würfelt mit allen drei Würfeln gleichzeitig. Nun prüfen alle Gruppenmitglieder gemeinsam, ob die gewürfelten Augenzahlen so auf die Leerstellen einer Gleichung verteilt werden können, dass diese Gleichung für den angegebenen x-Wert erfüllt ist.
Ist dies der Fall, wird die Gleichung in diesem Feld notiert und das Feld im Spielplan so entwertet. Ist dies nicht der Fall, wird nochmal gewürfelt. Das Spiel endet, wenn der Lehrer nach der vorgegebenen Zeit abbricht.
Gewonnen hat die Gruppe, die in dieser Zeit die meisten Felder korrekt füllen konnte.

Beispiel:
Spielplan:

▒x +/– ▒ = ▒ x = 2	▒x +/– ▒ = ▒ x = 0,5	▒x +/– ▒ = ▒ x = 5
▒x +/– ▒ = ▒ x = –1	▒x +/– ▒ = ▒ x = 3	▒x +/– ▒ = ▒ x = 6
▒x : ▒ = ▒ x = 6	▒x : ▒ = ▒ x = 0,75	▒x : ▒ = ▒ x = –4

30 Min.

7 Geradengleichungen, 1 Übersicht (Schnittpunkte und dazugehörige Siegpunkte), Papier und Stift

Für jede Gruppe das Material bereitstellen.

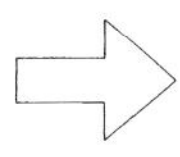

Umformen von Geradengleichungen, Berechnung der Schnittpunkte von Geraden

Spielverlauf:
Die Schüler bilden Gruppen von drei bis vier Personen und spielen als Team. Die Spieldauer wird festgelegt und der Lehrer gibt das Startsignal.
Die Geradengleichungen sind gegeben, müssen jedoch teilweise zusätzlich umgeformt werden. Die Schüler berechnen nun die Schnittpunkte dieser Geraden. Dazu müssen sie die anfallenden Rechnungen eigenverantwortlich unter sich organisieren und aufteilen.
Die berechneten Schnittpunkte werden übersichtlich in einer Liste dargestellt.
Die gefundenen Schnittpunkte werden mit der Übersicht verglichen und so die Anzahl der Siegpunkte bestimmt. Das Spiel endet mit dem Stoppsignal durch den Lehrer.
Gewonnen hat die Gruppe, die die meisten Punkte erzielt hat.

Beispiel:

Geradengleichungen:

(1) $y - x = 0$

(2) $3y = x - 4$

(3) $y + 3 = 0$

(4) $y = 4 - x$

(5) $y - 4 = 0$

(6) $y = 0{,}5(x - 5)$

(7) $y = \frac{1}{3}(x + 4)$

Liste der Schnittpunkte:

Schnittpunkt	Punkte
(7|–3)	2
(4|0)	2
(2|2)	3
(0|4)	2
(–2|–2)	2
(–5|–3)	2
(–13|–3)	2
(16|4)	3
(16|4)	3

Schnittpunkt	Punkte
(–3|–3)	2
(–5|–5)	2
$\left(\frac{13}{3} \middle| -\frac{1}{3}\right)$	3
(7|1)	3
(13|4)	3
(23|9)	3
(4|4)	2
(8|4)	2

2.13 Mathe-Tabu

2 Min./ Runde

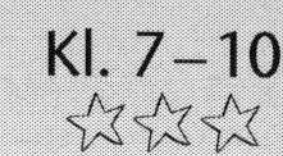

Kl. 7–10

1 Satz Tabu-Karten, 1 Stoppuhr, ggf. ein Signalgerät

Für jede Gruppe das Material bereitstellen.

Vermischtes Wissen zu allen Bereichen der Mathematik

Spielverlauf:
Die Schüler bilden (geradzahlige) Gruppen von sechs bis zehn Personen. Jede Gruppe teilt sich in zwei Mannschaften (A und B) auf. Die Mitglieder sitzen immer abwechselnd (A-B-A-B-A-B-usw.). Die Gruppe legt fest, welche Mannschaft bzw. welcher Mitspieler beginnt, hier: Mannschaft A. Der Startspieler bekommt den Stapel mit den verdeckten Karten. Sein linker Nebensitzer (Mannschaft B) beginnt als Zeitwächter, der rechte Nebensitzer (ebenfalls Mannschaft B) wird Korrekturleser und überwacht, ob der Startspieler die Tabu-Worte meidet. Der Startspieler (von Mannschaft A) nimmt den Kartenstapel in die Hand. Sobald der Zeitwächter (B) das Signal gegeben hat, dreht er die oberste Karte um und erklärt seiner Mannschaft (A) den gesuchten Begriff, ohne dass er die genannten Tabu-Worte verwendet. Die gegnerische Mannschaft (B) rät nicht mit. Nennt der Startspieler ein Tabu-Wort oder ein Wort, das im gesuchten Begriff vorkommt, gibt der Korrekturleser (B) ein Signal und die Karte muss erfolglos abgelegt werden. Nennt ein Mitglied von Mannschaft A ein Tabu-Wort beim Raten, darf der Startspieler es straflos verwenden.
Errät Mannschaft A den gesuchten Begriff, erhält sie diese Karte und damit einen Punkt. Ist die vereinbarte Zeit abgelaufen, gibt der Zeitwächter (B) ein Signal und das Aufgabentrio wandert eine Position nach rechts. D. h. nun ist der Startspieler der Zeitwächter. Der Korrekturleser muss nun die Begriffe beschreiben und das nächste Mitglied von Mannschaft A ist nun der neue Korrekturleser. Usw. Das Spiel endet, wenn alle Begriffe erraten wurden oder die gesamte Spieldauer abgelaufen ist.
Gewonnen hat die Mannschaft, die die meisten Punkte erzielt hat.

Beispiel:
TABU-Kartensatz:

Dreieck Vieleck Dachgiebel	***Parallele*** Gerade Strecke	***Pyramide*** Ägypten Spitze	***Natürliche Zahlen*** Brüche, Dezimalzahlen Negative Zahlen, Minus
Gleichung Term Gleichheitszeichen Variable	***Umfang*** Länge der Seite Summe	**Quersumme** Ziffern Summe	***Summe*** Summand Addieren Gleichheitszeichen

3.1 Gleichwertige Terme

12 Spielkarten (2 x 5 cm), die mit Ausnahme der Randkarten (Start und Ende) zweiteilig mit Termen beschriftet sind; Papier und Stift

Spielkarten ggf. auf Karton vorbereiten, Material für jedes Paar vorbereiten

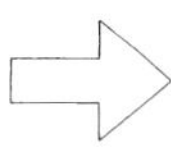

Umformen von Termen mit einer Variablen im Bereich der ganzen Zahlen

Spielverlauf:
Die Schüler bilden Paare und legen die Start-Karte offen aus. Die restlichen Karten werden gemischt und verdeckt als Stapel auf den Tisch gelegt. Jeder Spieler zieht vier Handkarten. Der Startspieler wird festgelegt.
Er prüft, ob bei seinen Handkarten eine dabei ist, die den Term zeigt, der gleichwertig zu dem auf der Start-Karte ist. Hat er diese Karte, legt er sie passend an. Anschließend ist sein Mitspieler an der Reihe. Auch er legt die passende Karte an die freie Seite an. Usw.
Kann ein Spieler nicht anlegen, zieht er zwei neue Karten vom Stapel und legt dafür zwei seiner Handkarten verdeckt unter den Stapel. Er darf nichts anlegen und der nächste Spieler ist am Zug.
Gewonnen hat, wer alle seine Handkarten anlegen konnte.

Beispiel:
Spielkarten:

START	$3x-18$	$3(x-6)$	$\frac{x}{6}-\frac{1}{2}$	$\frac{1}{6}(x-3)$	$5x-\frac{1}{3}$
$5(x-\frac{1}{15})$	$\frac{3}{8}-\frac{1}{4}x$	$\frac{3}{8}(1-\frac{2}{3}x)$	$-x-1$	$-(x+1)$	$x^2-7x+2x-14$
$(x-7)(x+2)$	$6x^3-x^2$	$x^2(6x-1)$	$5x^2y(x-1)+5y^2x(1-x)$	$5xy(x-1)(x-y)$	$2(x-1)-x+x^2$
$(x-1)(2+x)$	$26-13x$	$13(2-x)$	$-x^2-x$	$-x(x+1)$	**ENDE**

1 Spielplan, 45 Spielmarken, 2 Würfel, Papier und Stift

Für jede Gruppe das Material bereitstellen.

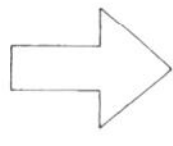

Kombinatorik und Wahrscheinlichkeit

Spielverlauf:
Die Schüler bilden Gruppen von vier bis sechs Personen und bestimmen, wer die Bank übernimmt. Die Bank erhält 20 Spielmarken, die anderen Spieler jeweils fünf.
Jeder Spieler (außer der Bank) setzt mindestens eine Marke auf eine Summe seiner Wahl. Anschließend würfelt die Bank mit beiden Würfeln gleichzeitig. Die Summe der Augenzahlen ist die Gewinnzahl. Haben ein oder mehrere Spieler auf diese Zahl gesetzt, bekommen sie eine Auszahlung. Die Einsätze der Zahlen, die nicht gewonnen haben, zieht die Bank ein. Wurde eine sieben gewürfelt, wird der vierfache Einsatz ausbezahlt, bei allen anderen Summen nur der doppelte Einsatz. Die Gewinne und Verluste werden in einer Tabelle notiert. Das Spiel endet nach fünf Runden.
Gewonnen hat, wer am Schluss die meisten Spielmarken gesammelt hat.

Beispiel:
Spielplan:

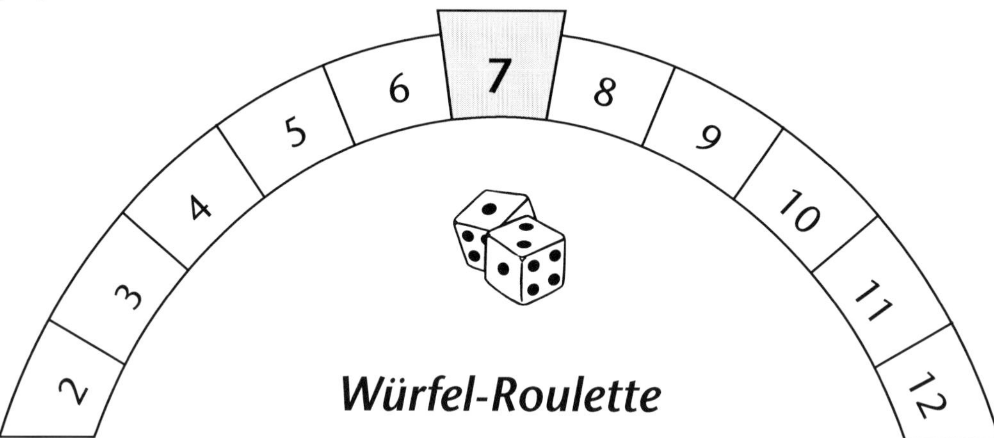

3.3 Finde deinen Weg!

20–30 Min.

Kl. 8 ☆☆

1 Spielplan, 2 Würfel, Spielfiguren, Papier und Stift

Für jede Gruppe das Material bereitstellen.

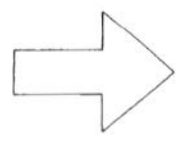

Addition und Kombinatorik im Bereich der natürlichen Zahlen

Spielverlauf:
Die Schüler bilden Gruppen von zwei bis vier Personen. Alle Spielfiguren werden auf das Startfeld gestellt. Wer die höchste Augenzahl würfelt, beginnt.
Der Startspieler wirft beide Würfel gleichzeitig. Erfüllen die geworfenen Zahlen die Bedingung des Feldes, darf er es verlassen und ein Feld weiter setzen. In welche Richtung er geht, entscheidet der Spieler selbst. Wurde die Bedingung nicht erfüllt, bleibt der Spieler stehen und der nächste würfelt. Usw.
Gewonnen hat, wer als Erster das Ziel erreicht hat.

Beispiel:
Spielplan:

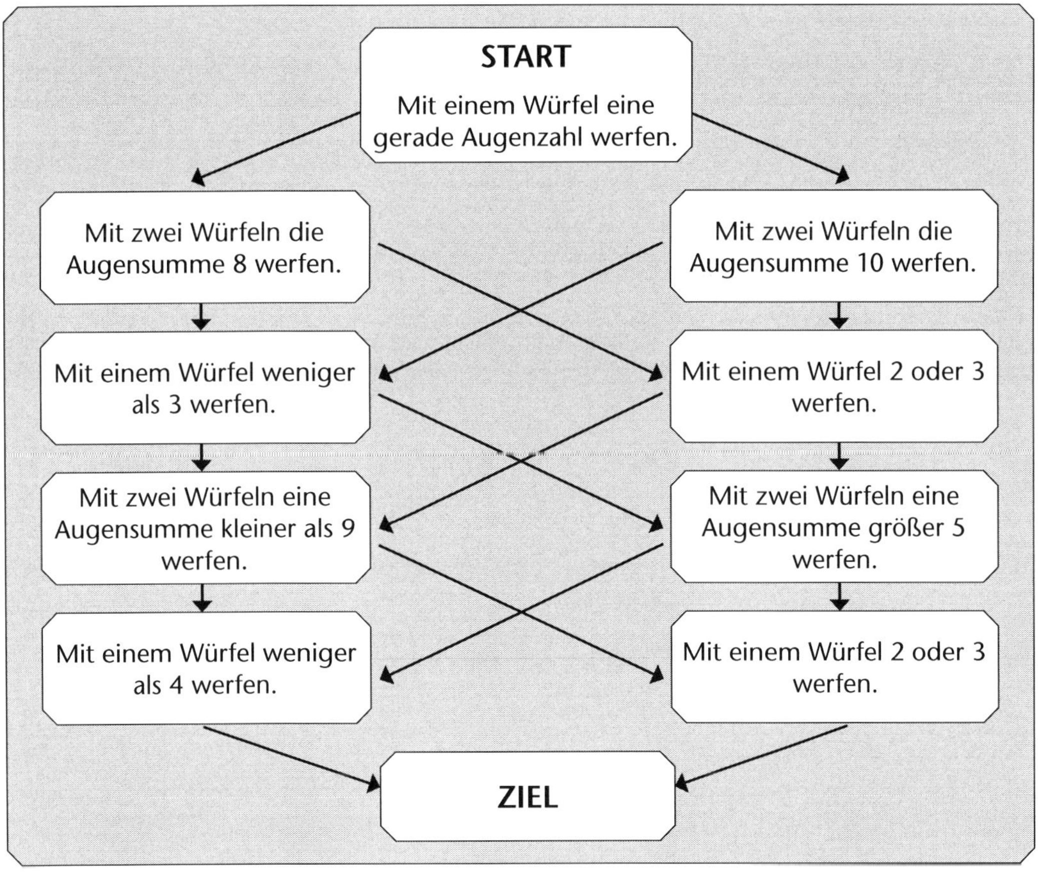

START
Mit einem Würfel eine gerade Augenzahl werfen.

Mit zwei Würfeln die Augensumme 8 werfen.	Mit zwei Würfeln die Augensumme 10 werfen.
Mit einem Würfel weniger als 3 werfen.	Mit einem Würfel 2 oder 3 werfen.
Mit zwei Würfeln eine Augensumme kleiner als 9 werfen.	Mit zwei Würfeln eine Augensumme größer 5 werfen.
Mit einem Würfel weniger als 4 werfen.	Mit einem Würfel 2 oder 3 werfen.

ZIEL

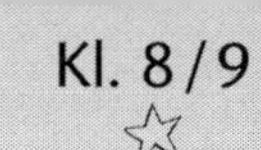

30 Termkarten

Ggf. Termkarten auf Karton vorbereiten. Für jede Gruppe das Material bereitstellen.

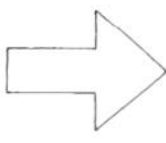

Multiplikation und Teiler bei Termen mit einer Variablen

Spielverlauf:
Die Schüler bilden Gruppen von drei bis vier Spielern. Die 30 Termkarten werden verdeckt auf den Tisch gelegt und jeder Spieler zieht fünf Karten. Der Startspieler wird festgelegt.
Er prüft seine Karten und darf dann immer ein Kartenpaar ablegen, wenn der eine Term ein Teiler des anderen Terms ist. Die Mitspieler überprüfen, ob richtig gerechnet wurde. Trifft dies zu, bleiben die Termkarten offen auf dem Tisch liegen und der Spieler zieht zwei neue Karten nach. Nun ist der nächste Spieler an der Reihe. Hat der Spieler kein passendes Paar, legt er zwei seiner Handkarten verdeckt auf den Tisch und zieht dafür zwei neue. Er darf die Karten erst in der nächsten Runde verwenden, da nun der nächste Spieler am Zug ist. Das Spiel endet, wenn keine Karten mehr nachgezogen werden können und keine Paare mehr ausgespielt werden können.
Gewonnen hat, wer die meisten Termpaare ablegen konnte.

Beispiel:
Termkarten:

x	x^2	x^3	x^4	$x+1$

$x-1$;	$x+2$;	$x-2$;	x^2+1;	x^2-1;
$2x+1$;	$2x+2$;	x^2+x;	x^3+x^2;	x^4+x^3;
$2x^2+x$;	2;	4;	$4x^2+4$;	$4x^2-4$;
$4x^2-16$;	x^3-2x^2;	$2x+2$;	$2x^2+2x$;	x^2+2x;
x^3+4x^2;	x^2-4;	$2x^3-2x^2$;	$2x^2-8$	$2x+1$

2 Blanko-Würfel, beschriftet mit verschiedenen Termbestandteilen (eine Variable); Papier und Stift

Für jede Gruppe die Würfel bereitstellen.

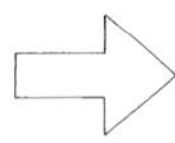

Multiplikation und Addition von Termen mit einer Variablen

Spielverlauf:

Die Schüler bilden Gruppen von drei bis fünf Personen und bestimmen den Startspieler und die Zielsumme.

Er wirft mit beiden Würfeln gleichzeitig. Die gewürfelten Termbestandteile werden multipliziert und das Ergebnis notiert. Nun ist der nächste am Zug. Jeder Spieler erzeugt so sechs Terme (Produkte). Am Schluss werden die Ergebnisse eines jeden Spielers addiert. Gewonnen hat der Spieler, dessen Summe die kleinste Differenz zum Zielterm hat bzw. diesen genau erreicht.

Beispiel:

Beschriftung der Blanko-Würfel:

1) $+x$; $+2x$; $+3{,}5x$; $+4x$; $+5{,}5x$; $+6x$

2) $-x$; $-2x$; $-3{,}5x$; $-4x$; $-5{,}5x$; $-6x$

Zielsumme: $-52{,}5x^2$

Mögliches Ergebnis:

Spieler A:

1) $(+x)\cdot(-2x) = -2x^2$
2) $(+4x)\cdot(-5{,}5x) = -22x^2$
3) $(-6x)\cdot(+4x) = -24x^2$
4) $(+2x)\cdot(-2x) = -4x^2$
5) $(-3{,}5x)\cdot(+x) = -3{,}5x^2$
6) $(-4x)\cdot(+2x) = -8x^2$

Summe: $-2x^2 - 22x^2 - 24x^2 - 4x^2 - 3{,}5x^2 - 8x^2 = \mathbf{-63{,}5x^2}$

Spieler B:

1) $(+3{,}5x)\cdot(-3{,}5x) = -12{,}25x^2$
2) $(+4x)\cdot(-2x) = -8x^2$
3) $(+6x)\cdot(-x) = -6x^2$
4) $(-3{,}5x)\cdot(+5{,}5x) = -19{,}25x^2$
5) $(+2x)\cdot(-5{,}5x) = -11x^2$
6) $(+3{,}5x)\cdot(-x) = -3{,}5x^2$

Summe: $-12{,}25x^2 - 8x^2 - 6x^2 - 19{,}25x^2 - 11x^2 - 3{,}5x^2 = \mathbf{-54x^2}$

Spieler C:

1) $(-6x)\cdot(+2x) = -12x^2$
2) $(-x)\cdot(+x) = -x^2$
3) $(-2x)\cdot(+5{,}5x) = -11x^2$
4) $(+4x)\cdot(-3{,}5x) = -14x^2$
5) $(-6x)\cdot(+4x) = -24x^2$
6) $(+3{,}5x)\cdot(-6x) = -21x^2$

Summe: $-12x^2 - x^2 - 11x^2 - 14x - 24x^2 - 21x^2 = \mathbf{-83x^2}$

→ Spieler B hat gewonnen.

   15–20 Min. 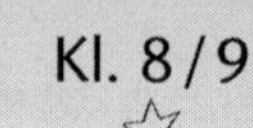 Kl. 8/9

16 Termkarten (8 x 2 cm); Papier und Stift

Termkarten aus Karton erstellen.

Lösen von Bruchtermen im Bereich der ganzen Zahlen

Spielverlauf:
Die Schüler bilden Paare und spielen im Team. Die Karten werden offen auf den Tisch ausgelegt und die Spieldauer bekannt gegeben. Der Lehrer gibt das Startsignal.
Ein Spieler beginnt mit der Startkarte und löst den dargestellten Term. Anschließend sucht er die Karte, deren Term mit dieser Lösung beginnt. Der Partner löst diese Aufgabe. Usw. Das Spiel endet, wenn ein Paar beim Ziel angekommen ist oder wenn der Lehrer das Ende signalisiert.
Gewonnen hat das Paar, das als Erstes beim Ziel angekommen ist.

Beispiel:

Rechnung: $\frac{x-1}{x} : \frac{1}{x} = (x-1) -> (x-1) \cdot \frac{1}{x^2-1}$

Termkarten:

START $\frac{x-1}{x} : \frac{1}{x}$	$(x-1) \cdot \frac{1}{x^2-1}$	$\frac{1}{x+1} + \frac{x}{1+x}$	$1 + \frac{x}{4} + \frac{3x}{4}$
$(x+1) : \frac{2x+2}{x}$	$\frac{x}{2} + \frac{3x}{5}$	$1{,}1x - (1 + \frac{1}{10}x)$	$(x-1) \cdot \frac{1}{x+1}$
$\frac{x-1}{x+1} - \frac{2x-3}{x+1}$	$\frac{2-x}{x+1} - \frac{-x}{1+x}$	$\frac{2}{x+1} - \frac{4x+4}{x+2}$	$\frac{8}{x+2} - \frac{x-1}{3x+6}$
$\frac{24}{x-1} - \frac{6x}{1-x}$	$\frac{6(x+4)}{x-1} : \frac{12}{1-x}$	$\frac{x+4}{-2} : \frac{x+4}{-2}$	**ZIEL** 1

20–25 Min.
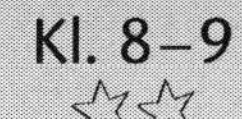
Kl. 8–9

12 Termkarten (Aufgabe und x-Wert), 12 Ergebniskarten, 1 Karte „Schwarzer Peter", 1 Würfel, Papier und Bleistift

Das Material für jede Gruppe bereitstellen.

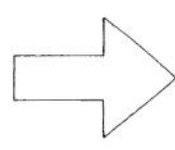
Lösen von Termen mit einer Variablen im Bereich der ganzen Zahlen

Spielverlauf:
Die Schüler bilden Gruppen von zwei bis drei Personen. Der Kartensatz wird gemischt und dann als Stapel verdeckt auf den Tisch gelegt. Die Spieler ziehen jeweils drei Karten. Mit dem Würfel wird der Startspieler bestimmt: Es beginnt, wer die höchste Augenzahl würfelt.
Der Startspieler zieht eine Karte vom Stapel und prüft, ob sich in seinen Handkarten bereits ein Pärchen befindet. Ein Kartenpaar besteht aus einer Termkarte (Aufgabe und x-Wert) und die dazu passende Ergebniskarte. Ist dies der Fall, legt er die beiden Karten neben sich ab. Hat er keine Pärchen auf der Hand, kann er einen Mitspieler ansprechen und gezielt nach einer Karte fragen. Hat dieser die angefragte Karte, muss er sie an den Startspieler abgeben und dieser kann das Paar ablegen. Erhält der Startspieler die angefragte Karte nicht, kann er eine seiner Handkarten verdeckt unter den Stapel legen und dafür eine neue Karte ziehen. In diesem Fall ist der Nächste am Zug. Das Spiel endet, wenn der Stapel aufgebraucht ist und keine Paare mehr abgelegt werden können. Nun werden die Punkte ermittelt. Jedes abgelegte Kartenpaar ergibt einen Pluspunkt. Wer am Schluss den „Schwarzen Peter" hat, bekommt dafür zwei Minuspunkte.
Gewonnen hat, wer die meisten Punkte erzielt hat.

Beispiel:
Termkarten:

$x(2x-4);\ x = 12$	$\frac{x+1}{x(x-1)};\ x = 2{,}5$	Schwarzer Peter

$\frac{x^2-1}{x} : (x+1);\ x = \frac{1}{2}$ $\frac{x}{(x-2)^2};\ x = -2$ $\frac{1}{x} + \frac{1}{x^2+1};\ x = 2$ $\frac{5}{4x-2} - \frac{2}{2x-1};\ x = 5$

$\frac{x+2}{x-2};\ x = -4$ $2x + x\,(1-x);\ x = 2$ $\frac{10x}{4x+8};\ x = -1$ $\frac{2x + x^2}{3x};\ x = 7$

$\frac{2x}{x} + \frac{4}{x};\ x = 10$ $\frac{30x+20}{5x};\ x = 6$

Ergebniskarten:

240	$\frac{14}{15}$	$\frac{1}{18}$

$-1;\ -\frac{1}{8};\ 0{,}7;\ \frac{1}{3};\ 2;\ -2{,}5;\ 2{,}4;\ 6\frac{2}{3};\ 3$

25 Min.

Kl. 8/9 ☆☆

18 Spielsteine (5 x 2 cm)

Spielsteine ggf. auf Karton vorbereiten. Für jedes Paar das Material bereitstellen.

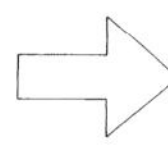

Umformung und Vereinfachung von Termen

Spielverlauf:
Die Schüler bilden Paare und jeder Spieler erhält neun Spielsteine. Die Spieldauer wird festgelegt und der Lehrer gibt das Startsignal.
Wer die Start-Karte hat, beginnt und legt die Karte aus. Nun ist der Mitspieler am Zug und prüft, ob er den Stein mit dem gleichwertigen Term hat. Ist das der Fall, kann er den Stein anlegen. Geht das nicht, muss er aussetzen. Jeder Spieler kann immer nur einen Stein anlegen. Das Spiel endet, wenn die Ziel-Karte gelegt wird.
Gewonnen hat das Paar, das als Erstes alle Paare legen konnte.

Beispiel:
Spielsteine:

START	$x(x-1)$	x^2-x	$(x-1)^2+(-2x)$	x^2-4x+1	$2-(x-2)$
$4-x$	$10x^2+40x+40$	$10(x+2)^2$	$-x(1-2x)$	$-x+2x^2$	$(0{,}15x)^2$
$0{,}0225\cdot x^2$	$x(x+3)+x+3$	$(x+3)(x+1)$	$(x+2)(x+6)$	$x^2+8x+12$	$0{,}91x-1{,}03x$
$-0{,}12x$	$10x:0{,}01$	$1\,000x$	$(-0{,}5x)\cdot(2x)$	$-x^2$	$11x-11$
$11(x-1)$	$\left(\frac{x}{4}+\frac{x}{12}\right):3$	$\frac{1}{9}x$	$x-5(1-0{,}2x)$	$2x-5$	$(-0{,}17x)\cdot(-5x)$
$0{,}85x^2$	$18x^3:(-18x)$	$-x^2$	$\left(\frac{2}{5}x+4\right):0{,}1$	$4x+40$	**ZIEL**

9 Termkarten, 1 Würfel, Papier und Stift

Für jedes Paar das Material bereitstellen.

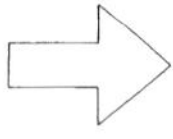
Überschlagen und Berechnen von Termwerten

Spielverlauf:
Die Schüler bilden Paare und legen die Termkarten offen auf dem Tisch aus. Mit dem Würfel wird der Startspieler ermittelt.
Er wirft den Würfel und setzt die geworfene Augenzahl in eine Termkarte ein. Der Spieler legt diese Karte bei sich ab und notiert den ermittelten Termwert. Nun ist der Mitspieler am Zug. Das Spiel endet nach vier Runden, eine Karte bleibt übrig. Nun addiert jeder Spieler seine berechneten Termwerte zur Endsumme.
Gewonnen hat, wer am Schluss die größte Endsumme erzielt.

Variante:
Gewonnen hat, wer nach vier Würfen den kleinsten Summenwert der berechneten Termwerte erreicht hat.

Beispiel:
Termkarten:

$(3-x)^3$	$(6-x)^{2x}$	$(2x-10)^x$
$(x-2)^x$	$\frac{3^x}{9x}$	$\frac{6x}{2^x}$
$(x-4)x$	$\frac{10x}{x^2}$	$\frac{(2-x)^2}{x}$

20 Min.

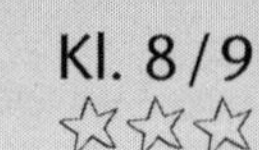
Kl. 8/9

2 x 20 Spielmarken (in zwei Farben) mit den Termen und x-Werten; 1 Spielfeld mit den Lösungen; Papier und Stift

Für jedes Paar das Material bereitstellen.

Berechnen von Termwerten

Spielverlauf:
Die Schüler bilden Paare. Jeder Spieler erhält einen Satz Spielmarken. Der jüngere (jüngste) Spieler beginnt.
Er wählt eine Spielmarke und berechnet den Termwert mit dem angegebenen x-Wert. Anschließend legt er die Spielmarke auf die passende Lösung im Spielplan. Anschließend ist sein Partner am Zug. Das Spiel endet, wenn ein Spieler drei Felder in einer geschlossenen Reihe (waagrecht, senkrecht oder diagonal) besetzen konnte.
Gewonnen hat der Spieler, der als Erster eine solche Reihe legen konnte.

Beispiel:
Spielmarken:

$x+x^2$ $x = 11$	$3x^2+2$ $x = 3$	$3(x^2-2)$ $x = 4$	$2+(3x)^2$ $x = -3$	$10-x^3$ $x = -2$
$2x-(x-1)^2$ $x = -5$	x^2-2x $x = -1$	$(2+x^3)2x$ $x = -1$	x^5-x^3 $x = -1$	$\frac{x-2}{x}$ $x = -3$
$\frac{5x-2}{x(x-1)}$ $x = -2$	$(2x-1)(2x+1)$ $x = -3$	$4+(3x)^2$ $x = -1$	$3(4x^3+31)3$ $x = -2$	$2x^5$ $x = -2$
$3x+x^2-2x$ $x = 5$	$(x+4)^2 4x$ $x = -3$	$(x+4)^3 x$ $x = -3$	$(x-1)(2x-1)$ $x = 6$	$3(5+x)^2 x$ $x = -7$

Spielfeld:

132	29	42	83	18
–46	3	–2	0	$\frac{5}{3}$
–2	35	13	–9	–64
30	–12	–3	55	–84

20–25 Min.

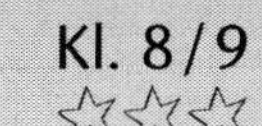

20 Termkarten (5 x 2 cm), 1 Spielfeld, 1 Würfel

Termkarten auf Karton vorbereiten und für jede Gruppe das Material bereitstellen.

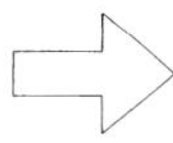

Umformen von Termen

Spielverlauf:
Die Schüler bilden Gruppen von vier Personen. Die Termkarten werden gemischt und verdeckt als Stapel auf den Tisch gelegt. Wer die höchste Augenzahl würfelt, beginnt. Der Startspieler zieht die oberste Termkarte und legt sie offen auf den Tisch. Alle anderen Spieler müssen nun auf dem Spielfeld eine Kombination aus zwei oder drei zusammenhängenden Termen finden, die durch Rechenzeichen und Klammern verknüpft, den gezogenen Term ergeben. Wer zuerst eine passende Kombination nennen kann, erhält die gezogenen Termkarte. Nun ist der nächste Mitspieler (im Uhrzeigersinn) am Zug und deckt eine Termkarte auf. Das Spiel endet, wenn der Stapel aufgebraucht ist. Gewonnen hat, wer die meisten Termkarten erwerben konnte.

Beispiel:
Termkarten:

$5x^2-5$	$6x+12$	$10+10x$	$2x^2+4x$	$6x+6$
$x^2(x^2-25)$	x^2-25	x^2-1	$2x^2+8x+8$	x^4-25x^2
$3x+6$	x^3-x^2	x^3+x^2	$6x^2$	$2x^3$
$5x+5$	$5x+25$	$5x+x^2$	x^2+6x+5	x^2+2x

Spielfeld:

$x+1$	$2+x$	$1-x$	3
$x-1$	x^2	2	$x+2$
$x+1$	$1+x$	$5+x$	x
5	$x+5$	$x-2$	$x-5$

3.12 Binomia

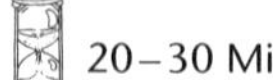

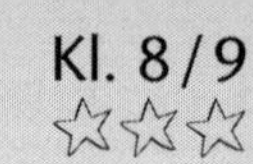

36 Termkarten (3 x 2 cm)

Termkarten auf Karton vorbereiten und für jede Gruppe bereitstellen.

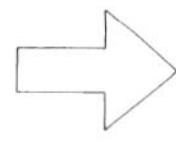

Erkennen und Kombination von binomischen Formeln

Spielverlauf:
Die Schüler bilden Gruppen von drei bis vier Spielern. Die Termkarten werden verdeckt als Stapel auf den Tisch gelegt. Jeder Spieler bekommt fünf Handkarten. Der jüngste Spieler beginnt.
Er prüft seine Karten, ob er aus den abgebildeten Termen ein Binom bilden kann. Ist das möglich, legt er diese Karten vor sich ab und zieht wieder zwei bzw. drei Karten vom Stapel nach. Kann er kein Binom legen, zieht er eine Karte vom Stapel und legt dafür eine Handkarte offen in die Tischmitte. Sofort ist der nächste Spieler am Zug. Sobald offene Karten in der Mitte liegen, können auch diese, anstelle von Karten vom Stapel, gezogen werden. Sobald ein Spieler sein viertes Binom abgelegt hat, endet das Spiel.
Dieser Spieler hat gewonnen.

Beispiel:
Termkarten:

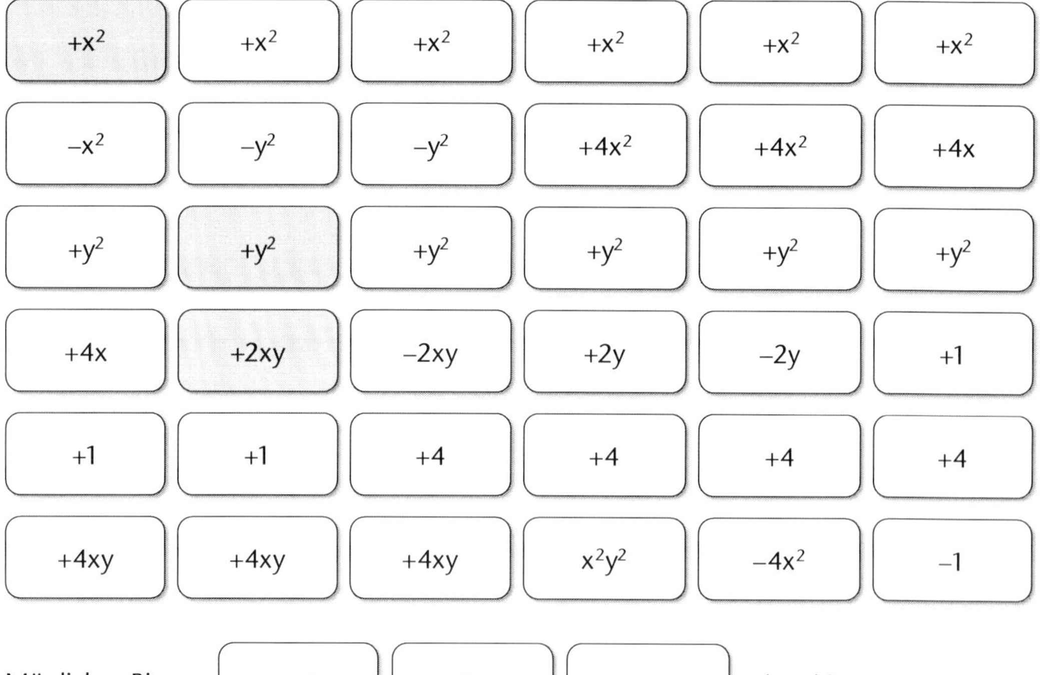

$+x^2$	$+x^2$	$+x^2$	$+x^2$	$+x^2$	$+x^2$
$-x^2$	$-y^2$	$-y^2$	$+4x^2$	$+4x^2$	$+4x$
$+y^2$	$+y^2$	$+y^2$	$+y^2$	$+y^2$	$+y^2$
$+4x$	$+2xy$	$-2xy$	$+2y$	$-2y$	$+1$
$+1$	$+1$	$+4$	$+4$	$+4$	$+4$
$+4xy$	$+4xy$	$+4xy$	x^2y^2	$-4x^2$	-1

Mögliches Binom: $+x^2$ | $+2xy$ | $+y^2$ $= (x+y)^2$

3.13 Alles gleich?!

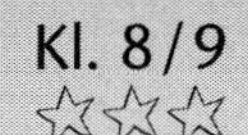

12 Spielkarten (10 x 2 cm), Papier und Stift

Spielkarten auf Karton vorbereiten und jeder Gruppe zur Verfügung stellen.

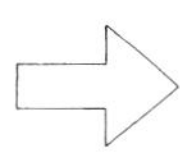

Lösungen von Bruchgleichungen

Spielverlauf:
Die Schüler bilden Gruppen von zwei bis vier Spielern. Die Spieldauer wird festgelegt und die Karten werden offen auf dem Tisch ausgelegt. Der Lehrer gibt das Startsignal.
Die Gruppen organisieren eigenverantwortlich die benötigten Rechnungen. Hier hilft der Hinweis, die Gleichungen auszusortieren, die auch im Kopf berechnet werden können. Anschließend werden, beginnend mit der Start-Karte, immer die Ergebnisse neben die dazugehörige Gleichung gelegt. Das Spiel endet, wenn die erste Gruppe fertig ist oder der Lehrer das Spiel beendet.
Gewonnen hat die Gruppe, die als Erste die Karten richtig aufgereiht hat.

Beispiel:
Spielkarten:

START	$\frac{1}{2-x}=\frac{1}{x}$	1	$\frac{1}{2-x}=\frac{1}{3x-1}$
$\frac{3}{4}$	$\frac{2}{x-2}=\frac{3}{x}$	6	$\frac{2}{x}+\frac{4}{x+2}=\frac{4}{x}$
2	$\frac{12}{x-3}=\frac{6}{5x-15}$	3	$\frac{x+1}{x}=\frac{4}{5x}$
$-\frac{1}{5}$	$\frac{4}{x-3}=\frac{3}{x+4}$	–25	$\frac{5}{2x-6}-\frac{1}{8}=\frac{1}{8x-24}$
22	$\frac{1}{x}+\frac{1}{x-1}-\frac{2}{x+1}=0$	$\frac{1}{3}$	$\frac{3}{x}+2=\frac{11}{x}$
4	$\frac{3}{x+2}=-\frac{5}{2}$	–3,2	**ZIEL**

3.14 Gleichungen mit Würfeln

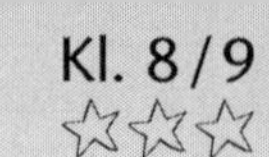

1 Spielplan, 3 Würfel (6er, 12er, 20er), Papier und Stift

Das Material für jede Gruppe bereitstellen.

Lösen von komplexen Gleichungen

Spielverlauf:
Die Schüler bilden Gruppen von drei oder vier Personen und spielen als Team.
Die Spieldauer wird festgelegt und der Lehrer gibt das Startsignal.
Ein Spieler würfelt mit allen drei Würfeln gleichzeitig. Nun prüfen alle Gruppenmitglieder gemeinsam, ob die gewürfelten Augenzahlen so auf die Leerstellen einer Gleichung verteilt werden können, dass diese Gleichung für den angegebenen x-Wert erfüllt ist.
Ist dies der Fall, wird die Gleichung in diesem Feld notiert und das Feld im Spielplan so entwertet. Ist dies nicht der Fall, wird nochmal gewürfelt. Das Spiel endet, wenn der Lehrer nach der vorgegebenen Zeit abbricht.
Gewonnen hat die Gruppe, die in dieser Zeit die meisten Felder korrekt füllen konnte.

Beispiel:
Spielplan:

(x +/– ▒) · ▒ = ▒ x = 6	(x +/– ▒) · ▒ = ▒ x = –2	(x +/– ▒) · ▒ = ▒ x = 0,5
x^2 +/– ▒x +/– ▒ = ▒ x = 7	x^2 +/– ▒x +/– ▒ = ▒ x = 3	x^2 +/– ▒x +/– ▒ = ▒ x = –4
x +/– ▒ = ▒ : ▒ x = 3	x +/– ▒ = ▒ : ▒ x = 3,5	x +/– ▒ = ▒ : ▒ x =–2

3.15 Rechenkönig

variabel

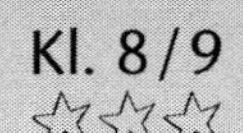

Kl. 8/9

1 Blatt (8 Gleichungen und 1 Kontrollsumme), Papier und Stift

Für jeden Schüler die Gleichungen kopieren.

Lösen von Gleichungen, Kopfrechnen, natürliche Zahlen

Spielverlauf:
Die Schüler spielen in Einzelarbeit gegeneinander. Die Spieldauer wird festgelegt und der Lehrer gibt das Startsignal.
Die Schüler berechnen nun im Kopf, welche natürlichen Zahlen für die Variablen eingesetzt werden müssen, damit die Gleichungen stimmen. Als Hilfestellung ist die Gesamtsumme der Variablen gegeben. Das Papier wird nur für Notizen genutzt, nicht für schriftliche Rechenwege. Das Spiel endet, wenn der Lehrer es abbricht oder wenn der Erste alle Gleichungen gelöst hat.
Dieser Spieler hat gewonnen.

Beispiele:
Gleichungen:

$\frac{2}{A+1} = 1$	$\frac{B+1}{2} = 2\frac{1}{2}$	$\frac{C-1}{C+1} = \frac{3}{5}$	$(D-1)(D+1) = 99$
$E \cdot E + E = 110$	$5(F+10) = 80$	$2G = G + 17$	$\frac{1}{H} + \frac{7}{8} = 1$

Kontrollsumme: $A + B + C + D + E + F + G + H = 60$
hier: $1 + 4 + 4 + 10 + 10 + 6 + 17 + 8 = 60$

4.1 Partnersuche

20 Min.

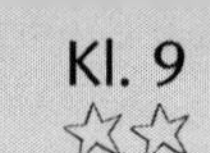

1 Blatt mit 2 Kästen (Feld A sind Quadratzahlen (hier auch der Radikand) und Feld B die Wurzelwerte dieser Zahlen), Papier und Stift

Das Blatt in ausreichender Anzahl kopieren.

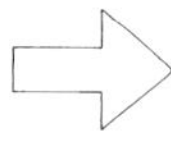

Erkennen von Quadratzahlen und Quadratwurzeln

Spielverlauf:
Die Schüler spielen in Paaren oder in Einzelarbeit gegeneinander. Die Spieldauer wird festgelegt und der Lehrer gibt das Startsignal.
Die Spieler ordnen nun die Zahlen aus Feld A denen aus Feld B zu, hier über die Quadratwurzeln. Diese Zuordnungsvorschrift muss gefunden werden und gilt für alle Zahlen. Vier Zahlen aus Feld B bleiben so ohne Partner. Für sie muss in Feld A die passende Quadratzahl eingetragen werden.
Gewonnen hat, wer als Erster/erstes Paar die Zuordnungsvorschrift gefunden und so alle Zahlen zugeordnet hat.

Variante:
Feld B um Zahlen ergänzen, von denen keine Wurzel gezogen werden kann.

Beispiel:
Zahlenfelder:

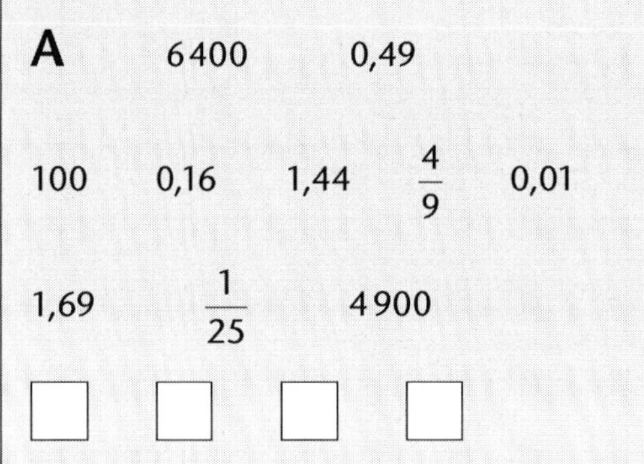

B

1,2 0,1 $\frac{1}{7}$ 70

0,7 1,3 80 $\frac{2}{3}$ 1

$\frac{1}{5}$ 10 0,4 3000 $\frac{3}{8}$

Lösungsbeispiel: $6400 \xrightarrow{\sqrt{}} 80$

also: $\sqrt{6400} = 80$

4.2 Wurzel-Memo

20 Min.

22 Memo-Karten (11 Quadratzahlen (A) und 11 Quadratwurzeln (B), in zwei Farben); Papier und Stift

Karten ggf. aus Karton erstellen bzw. laminieren und für jedes Paar bereitstellen.

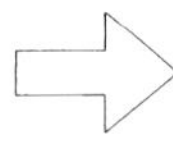
Erkennen von Quadratzahlen und Quadratwurzeln

Spielverlauf:
Die Schüler bilden Paare und legen die Karten nebeneinander, aber verdeckt, auf den Tisch. Der Startspieler wird bestimmt.
Er deckt zwei Karten auf, eine von jeder Farbe. Nun prüft er, ob die B-Zahl ein Wurzelwert von Zahl A ist. Wenn ja, darf er das Kartenpaar behalten und wieder zwei verschiedenfarbige Karten aufdecken. Ist dies nicht der Fall, werden die Karten wieder verdeckt an ihren Platz gelegt und der Partner ist am Zug. Das Spiel endet, wenn alle Karten gelöst wurden.
Gewonnen hat, wer die meisten Memo-Paare erkannt hat.

Variante:
Die Karten werden offen ausgelegt und die Zuordnungsvorschrift muss gefunden werden.

Beispiel:
Quadratzahlen A (Radikanden):

6,4	10000	$\frac{1}{49}$	$2\frac{1}{4}$	4,41	121	57600
1089	0,0009	$\frac{64}{49}$	729			

Quadratwurzeln B (Wurzelwerte):

2,1	1,5	240	27	0,8	$\frac{3}{100}$	11
$\frac{8}{7}$	100	33	$\frac{1}{7}$			

30 Min.

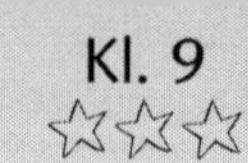

7 Funktionsgleichungen (Parabeln und Geraden), 1 Übersicht (Schnittpunkte und dazugehörige Siegpunkte), Papier und Stift

Für jede Gruppe das Material bereitstellen.

Umformen von Funktionsgleichungen, Berechnung der Schnittpunkte

Spielverlauf:
Die Schüler bilden Gruppen von drei bis vier Personen und spielen als Team. Die Spieldauer wird festgelegt und der Lehrer gibt das Startsignal.
Die Funktionsgleichungen sind gegeben, müssen jedoch teilweise zusätzlich umgeformt werden. Die Schüler berechnen nun die Schnittpunkte dieser Funktionen (Parabeln und Geraden). Dazu müssen sie die anfallenden Rechnungen eigenverantwortlich unter sich organisieren und aufteilen. Die berechneten Schnittpunkte werden übersichtlich in einer Liste dargestellt. Die gefundenen Schnittpunkte werden mit der Übersicht verglichen und so die Anzahl der Siegpunkte bestimmt. Das Spiel endet mit dem Stoppsignal durch den Lehrer oder wenn eine Gruppe zuerst 22 Punkte erreicht hat.
Gewonnen hat die Gruppe, die die meisten Punkte erzielt hat bzw. die zuerst 22 Punkte erreicht hat.

Beispiel:
Funktionsgleichungen:

(1) $y - x = -2$

(2) $y = x^2 - 4x + 8$

(3) $y - 1 = 0$

(4) $y + 14 = 8x - x^2$

(5) $y + 2x = 8$

(6) $y = -(x-1)^2 - 1$

Liste der Schnittpunkte:

Schnittpunkt	Punkte
(0 | 8)	3
(2 | 4)	2
(4 | 2)	2
(3 | 1)	3
(6,7 | –5,5)	3
(3,5 | 1)	2

Schnittpunkt	Punkte
(3,3 | 1,5)	3
(5 | 1)	2
(1 | –1)	2
(0 | –2)	2
(2 | –2)	2
$\left(\frac{10}{3} \middle| \frac{4}{3}\right)$	2

4.4 Wett-Tippen

15 Min.

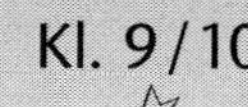

1 Aufgabenblatt (15 Aufgaben und 15 Lösungen zur Selbstkontrolle), 1 Taschenrechner, Papier und Stift

Für jeden Schüler das Aufgabenblatt kopieren.

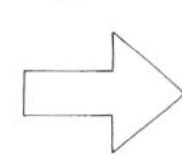

Lösen von Wurzelaufgaben mit dem Taschenrechner

Spielverlauf:
Die Schüler spielen in Einzelarbeit gegeneinander. Die Spieldauer wird festgelegt und der Lehrer gibt das Startsignal.
Die Schüler lösen die Aufgaben mit ihrem Taschenrechner und streichen die gefundenen Ergebnisse im danebenstehenden Bild durch. Das Spiel endet mit dem Stoppsignal oder wenn der Erste alle Lösungen gefunden hat.
Gewonnen hat der, der zuerst alle Lösungen gefunden hat oder der mit Ende des Spiels die meisten Aufgaben gelöst hat.

Beispiel:
Aufgaben:

1. $\sqrt{20{,}5}-\sqrt{14{,}6}$
2. $\sqrt{20{,}5-14{,}6}$
3. $9\sqrt{2{,}8}-5\sqrt{9{,}4}$
4. $\sqrt{9\cdot 2{,}8}-\sqrt{2\cdot 9{,}4}$
5. $\sqrt{3{,}9^2+11{,}6^2}$
6. $\sqrt{27{,}3^2-18{,}4^2}$
7. $\frac{85}{2}\sqrt{5}$
8. $\sqrt{\frac{17}{4}\cdot 3^4}$
9. $18+\sqrt{16^2-(-33)}$
10. $\frac{19}{3}-\sqrt{\left(\frac{19}{3}\right)^2-15}$
11. $\sqrt{6^2+\frac{1}{4}(5{,}19-2{,}17)^2}$
12. $12\sqrt{0{,}6^2}+0{,}8+\frac{6}{\sqrt{6}}$
13. $\frac{4-3\sqrt{2}}{4+3\sqrt{2}}$
14. $\sqrt{6}\left(\sqrt{\frac{1}{2}}-\sqrt{\frac{1}{3}}\right)$
15. $\sqrt{\frac{\sqrt{10}}{6}-\frac{\sqrt{6}}{10}}\cdot\sqrt{\frac{\sqrt{10}}{6}6\frac{\sqrt{6}}{10}}$

Lösungen
(alle auf drei Ziffern gerundet):

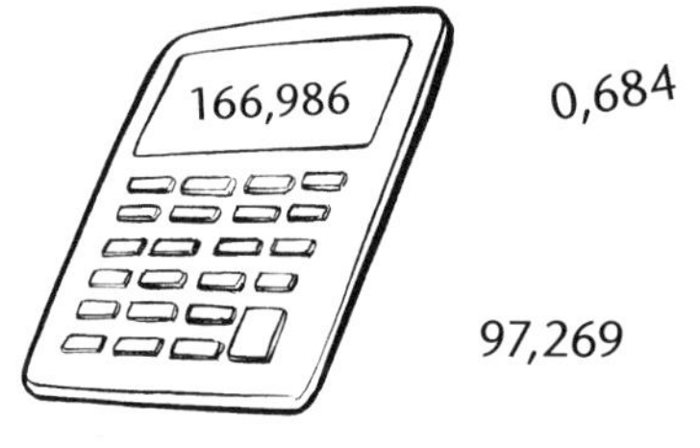

0,684

97,269

0,707

2,429

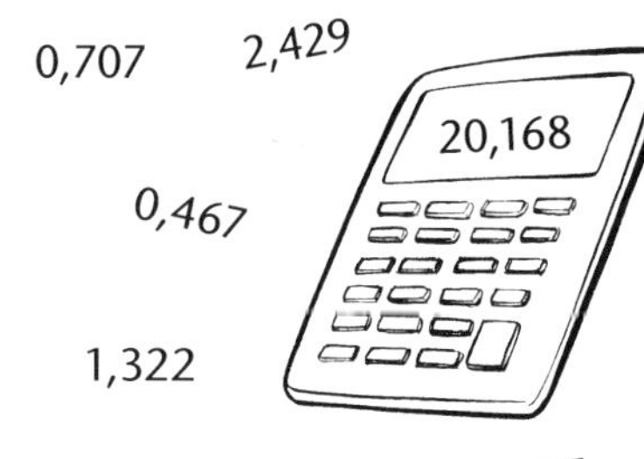

0,467

1,322

35

−0,270

6,187

15,374

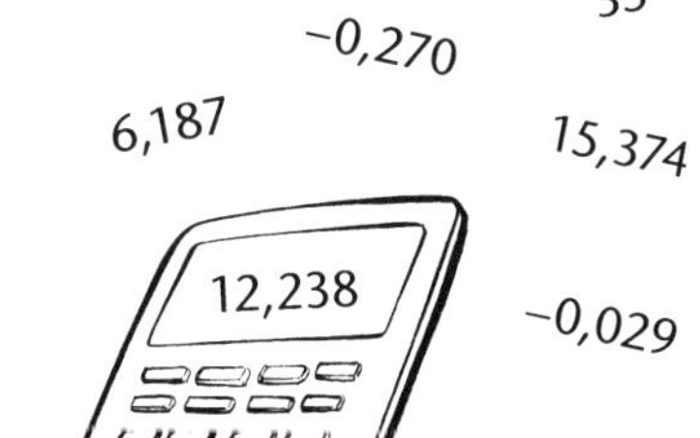

−0,029

0,318

4.5 Gleichungskette

30 Min.

Kl. 9/10

18 Spielkarten (5 x 2 cm), die jeweils mit 2 verschiedenen Termen beschriftet sind, jedoch gleichwertig auf einer anderen Karte dargestellt sind, Ausnahme sind Start und Ziel; Papier und Stift

Spielkarten ggf. aus Karton herstellen bzw. laminieren und für jedes Paar bereit stellen.

Umformen von Termen mit einer und zwei Variablen

Spielverlauf:
Die Schüler bilden Paare. Die Start-Karte wird offen ausgelegt und die restlichen Karten werden zuerst gemischt und anschließend verdeckt als Stapel auf den Tisch gelegt. Jeder Spieler erhält vier Handkarten und der Startspieler wird bestimmt.
Der erste Spieler prüft nun seine Handkarten, ob er einen gleichwertigen Term zu dem ausliegenden Term hat. Ist das der Fall, legt er diese Karte an und der Nächste ist am Zug. Wenn nicht, zieht er zwei neue Karten vom Stapel und legt dafür zwei seiner Handkarten verdeckt unter den Stapel. Er darf in dieser Runde nicht mehr anlegen und sein Partner ist an der Reihe. Das Spiel endet, wenn der erste Spieler keine Handkarten mehr hat oder die Ziel-Karte gelegt wurde.
Gewonnen hat der Spieler, der als Erster keine Handkarten mehr hat.

Beispiel:
Spielkarten:

START	$(x^2-1)(x^2+1)$	x^4-1	$[2(x+1)]^2$	$4(x+1)^2$	$(x^2+1)(x^2-2)$
x^4-x^2-2	$(x+1)^2-3(x+1)$	$(x+1)(x-2)$	$(1-6x^2)(1+6x^2)$	$1-36x^4$	$a^2-4ab+4b^2$
$(a-2b)^2$	$x(x+3)-4x$	x^2-x	$28(x-1)\cdot\frac{1}{7}(x-1)$	$4(x-1)^2$	$7(x^2+4x):x$
$7(x+4)$	$6x^2+6y^2+12xy$	$6(x+y)^2$	$(x-2)^2:(x-2)$	$x-2$	$(-2x-1)^2$
$4x^2+4x+1$	$(1{,}2x-3)(1{,}2x+3)$	$1{,}44x^2-9$	$x(x+3)-3(x+3)$	x^2-9	$98\cdot102$
$10000-4$	$13(x-4)-13$	$13(x-5)$	$(1-2x)^2-(-2x)^2$	$1-4x$	**ENDE**

2 x 20 Spielsteine (5 x 2 cm) in 2 Farben, Papier und Stift

Spielsteine aus Karton erstellen bzw. laminieren, für jedes Paar zwei Kartensätze (in zwei Farben) erstellen.

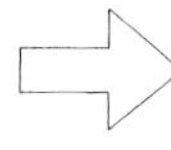
Vermischte Übungen zu Potenzen, Wurzeln und Logarithmus

Spielverlauf:
Die Schüler bilden Paare und spielen gegeneinander. Jeder Spieler erhält den gleichen Kartensatz und legt seine Start-Karte vor sich auf dem Tisch ab. Die restlichen Karten werden jeweils daneben offen ausgelegt. Ein Spieler gibt das Startsignal.
Beide beginnen gleichzeitig und legen immer das gesuchte Ergebnis an die entsprechende Aufgabe und umgekehrt. Das Spiel endet, wenn der Erste die Ziel-Karte gelegt hat. Dieser Spieler hat gewonnen.

Beispiel:
Spielsteine:

START	$\log_2 32$	5	$\log_8 8$	1	$\log_2 0{,}25$
–2	$\log_{0,1} 1\,000$	–3	$\log_{0,5} 2$	–1	$\log_7 \sqrt{7}$
0,5	$\log_7 1$	0	$\log_3 9$	2	$\log_2 2\sqrt{2}$
1,5	$\log_2 \sqrt[5]{2}$	$\frac{1}{5}$	$\log_{\sqrt{2}} 2^{-3}$	–6	$\log_a \sqrt[4]{a^3}$
$\frac{3}{4}$	$\log_2 \frac{1}{128}$	–7	$\log_5 \sqrt[3]{25}$	$\frac{2}{3}$	$\log_8 8\sqrt{8}$
1,5	$\log_{100} 0{,}001$	$-\frac{3}{2}$	Ermittle x: $10^x = 54$	$\log_{10}(54) = 1{,}7324$	Ermittle x: $\log_2 x = 3$
8	Ermittle x: $\log_2(x^2) = 4$	4	**ZIEL**		

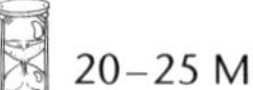

20–25 Min.

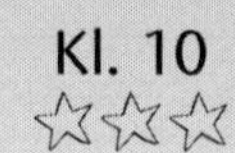

Kl. 10

20 Spielkarten (10 x 2 cm), Papier und Stift

Spielkarten für jede Gruppe aus Karton erstellen oder laminieren.

Vermischte Aufgaben zum Rechnen mit Wurzeln

Spielverlauf:
Die Schüler bilden Gruppen von vier Personen. Jeder Spieler bekommt fünf Karten. Der Spieler, der die Start-Karte hat, beginnt. Der Lehrer gibt das Startsignal.
Er legt diese Karte ab und der nächste Spieler ist am Zug. Hat er die dazu passende Karte, legt er sie an und erklärt seinen Mitspielern, wie er die Lösung ermittelt hat. Kann er keine Karte anlegen, setzt er aus. Das Spiel endet mit dem Stopp-Zeichen des Lehrers oder mit dem Legen der letzten Karte.
Gewonnen hat die Gruppe, die am meisten Karten ablegen konnte oder die, die als Erste die Ziel-Karte gelegt hat.

Beispiel:
Spielkarten, z. B.:

START	Berechne x: $x^4 = 16$
$x = 2$ oder $x = -2$	Radiziere: $\sqrt{x^2 - 2xy + y^2}$
$\lvert x-y \rvert$	Gib in der Form $x\sqrt{y}$ an: $\sqrt{20} - \sqrt{125} + 2\ \sqrt{245}$
$11 \cdot \sqrt{5}$	Berechne ohne Taschenrechner: $\sqrt[3]{216} : \sqrt[4]{16}$
3	Vereinfache: $(\sqrt{2+x} + \sqrt{2-x})^2 + (\sqrt{2+x} + \sqrt{2-x})^2$
8	Löse in $\mathbb{R}$: $(x-3)^2 = 25$
$X_1 = 8 \cup x_2 = -2$	Löse in $\mathbb{R}$: $3x^2 + 2 \cdot \sqrt{3} \cdot x + 1 = 0$
$\frac{-\sqrt{3}}{3}$	Berechne ohne Taschenrechner: $\sqrt{\frac{8^{10} + 4^{10}}{8^4 + 4^{11}}}$
16	Löse in $\mathbb{R}$: $\sqrt{\frac{x}{15 + x^2}} = \frac{1}{4}$
$x = 1 \cup x = 15$	Löse in $\mathbb{R}$: $\frac{x}{2} = \sqrt{x+3}$
6	**ZIEL**

5.3 Dreiecke im Kopf

 20 Winkelkarten, Papier und Stift

 Für jede Gruppe Winkelkarten aus Karton erstellen bzw. laminieren.

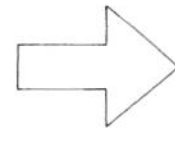 Konstruktion von Dreiecken, Berechnung von Dreiecksgrößen

Spielverlauf:
Die Schüler bilden Gruppen von drei bis vier Personen. Die Karten werden gemischt und verdeckt als Stapel auf den Tisch gelegt. Jeder Spieler zieht drei Karten. Der Startspieler und die Spieldauer werden bestimmt.
Der Startspieler prüft seine Karten, ob er mit den gegebenen Größen eindeutig ein Dreieck konstruieren und die fehlenden Winkel und Seiten berechnen kann. Ist dies möglich, legt er die Karten offen vor sich ab und erklärt seinen Mitspielern seine Lösungen. Für jede richtige Konstruktion erhält er einen Punkt, für jede fehlende Größe zwei Punkte. Anschließend ist der Nächste an der Reihe. Kann er mit seinen Karten kein Dreieck konstruieren, zieht er eine neue Karte vom Stapel und legt dafür eine seiner Handkarten verdeckt unter den Stapel zurück. Nun ist der nächste Spieler am Zug.
Das Spiel endet nach der vereinbarten Dauer oder wenn alle Karten abgelegt wurden bzw. keine weiteren Dreiecke mehr möglich sind.
Gewonnen hat, wer die meisten Punkte erzielt hat.

Beispiel:
Winkelkarten:

α	α	α	β	β
β	γ	γ	γ	a
a	a	b	b	b
c	c	c	90°	90°

5.4 Gleichungen im Dreierpack

30 Min.

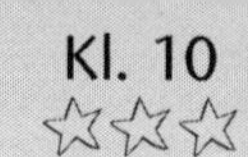

Kl. 10

30 Gleichungskarten (7 x 2 cm), Papier und Stift

Für jede Gruppe Karten aus Karton erstellen bzw. laminieren.

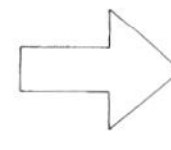

Umformen und Lösen von Gleichungen

Spielverlauf:
Die Schüler bilden Gruppen von zwei bis drei Spielern. Die Karten werden gemischt und 12 Gleichungen werden offen in einem 4 x 3-Rechteck auf den Tisch gelegt. Die restlichen Karten werden als Stapel verdeckt daneben abgelegt. Ein Spieler gibt das Startsignal. Anschließend suchen alle gleichzeitig nach einer Gleichung, die auf drei verschiedene Weisen dargestellt ist. Wer ein solches Trio gefunden hat, ruft „Dreierpack". Die anderen prüfen die Behauptung. Hat er korrekt gerechnet, legt er diese Karten vor sich ab. Die entstandenen Lücken werden durch Karten vom Stapel gefüllt. Wenn nicht, werden die Karten zurück in die Mitte gelegt. Das Spiel endet, wenn alle Trios gefunden wurden. Gewonnen hat, wer die meisten Triple gefunden hat.

Beispiel:
Spielfeld mit Gleichungskarten:

① $4^{2x-1} = 64$	③ $\frac{x+3}{5} = \frac{2x-8}{3}$	① $\frac{2^{4x}}{2^2} = 64$	④ $8x^2 - 0,5 = 0$
② $\left(\frac{1}{0,5}\right)^x = 0,0625$	④ $(x-0,25)(x+\frac{1}{4}) = 0$	② $0,5^x = 16$	③ $\sqrt{x+2} = x-4$
④ $x^2 = \frac{1}{16}$	③ $\frac{x+1}{4} = \frac{x-1}{3}$	① $2^{4x} - 256 = 0$	② $\left(\frac{1}{2}\right)^x = 2^4$

① $x = 2$

② $x = -4$

③ $x = 7$

④ $x = \frac{1}{4}$

⑤ $(x = 9)$: $x^2 = 9x$; $(x-9)^2 = 81 - 9x$; $3x^2 - 27x = 0$

⑥ $(x = -4)$: $x^2 + 6x + 8 = 0$; $(x+2)(x+4) = 0$; $(x+3)^2 = 1$

⑦ $(x = 1)$: $\frac{4x}{2-x} = 4$; $\frac{4x}{x-1} = \frac{10}{x+4}$; $\frac{x+14}{x} = 30:2$

⑧ $(x = 3)$: $\frac{x-2}{x+3} = \frac{1}{6}$; $1 - \frac{2}{x} - \frac{1}{3} = 0$; $2(x-1) - (2-x) = 5$

⑨ $(x = \frac{4}{3})$: $\frac{1}{x-1} = 3$; $\frac{x}{2} - \frac{2}{3} = 0$; $\frac{1}{x+1} = \frac{3}{7}$

⑩ $(x = 10)$: $(x-1)(x+1) = 99$; $x^2 - 100 = 0$; $(x-1)^2 - 101 = -2x$

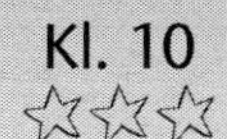

1 Aufgabenfolie, Lineal, Papier und Stift

Die Aufgaben und die Lösungen auf Folie vorbereiten.

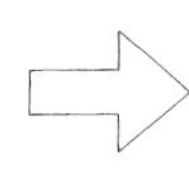

Lösen komplexer Aufgaben und Gleichungen aus den Bereichen Potenzen/ Logarithmus, quadratische Gleichungen, Trigonometrie; Zeichnen von Funktionsgraphen

Spielverlauf:
Die Schüler spielen in Einzelarbeit gegeneinander. Jeder Schüler zeichnet ein Blanko-3 x 3-Feld auf sein Blatt. Die Spieldauer wird festgelegt. Der Lehrer legt die Aufgabenfolie, zunächst verdeckt, auf. Anschließend gibt er das Startsignal und die Felder werden sichtbar.
Die Schüler lösen die Aufgaben bzw. Gleichungen und tragen die Lösungen in das passende Feld ihres 3 x 3-Feldes ein. Der Lehrer beendet das Spiel und legt die Lösungsfolie auf. Die Schüler kontrollieren sich gegenseitig. Für jede richtige Lösung gibt es einen Punkt. Befinden sich drei richtige Lösungen in einer Reihe (waagrecht, senkrecht, diagonal), so bekommt der Spieler dafür einen Zusatzpunkt.
Gewonnen hat, wer am Schluss die meisten Punkte hat.

Beispiel:
Aufgabenfolie:

Bestimme die Lösungsmenge bei: $\log_2(x-1) = 2$	Skizziere den Graphen der Funktion: $f(x) = x^2+2;\ x \in \mathbb{R}$	Fasse zu einem Logarithmus zusammen: $\frac{1}{3}\log 27 - 3\log 2 + 2 - 3\log 5$
Nullstellen der Funktion: $f(x) = x^4 - x^2;\ x \in \mathbb{R}$	Summenwert der Lösungen der Gleichung: $x^2 - x - 1 = 0$	Berechne: $(\log_2 2^{25}) : (\log_5 125)$
Ermittle x: $\log_x\left(\frac{27}{8}\right) = 3$	Bestimme x: $\sin x = 0{,}5$; wobei gilt: $0 \le x \le 2\pi$	Ermittle x: $\log_x 8 = x+1;\ x \in \mathbb{N}$

5.6 Teamplayer

variabel

Kl. 10

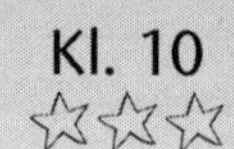

1 Spielplan, 1 Musterlösung, Taschenrechner und Lineal, Papier und Stift

Den Spielplan für jeden Schüler kopieren und die Musterlösung auf Folie vorbereiten.

Aufstellen und Lösen komplexer Aufgaben und Gleichungen, Zeichnen von Funktionsgraphen

Spielverlauf:
Die Schüler bilden Kleingruppen und jede Gruppe erstellt ein Blanko-4 x 3-Lösungsfeld. Die Spieldauer wird festgelegt und der Lehrer gibt das Startsignal.
Die Schüler lösen die Aufgaben im Team und tragen ihre Ergebnisse in das Lösungsfeld ein. Der Lehrer beendet das Spiel und legt die Lösungsfolien auf. Die Schüler kontrollieren sich gegenseitig anhand der Musterlösung. Für jede vollständige, richtige Lösung gibt es drei Punkte. Jeder Rechenfehler gibt einen Punkt Abzug. Folgefehler werden nicht gewertet. Gewonnen hat die Gruppe, mit den meisten Punkten.

Beispiel:
Spielplan:

Bestimme die Umkehrfunktion zu: $y = 2^{\frac{2}{3}x}$	Löse: $\left(\frac{1}{2}\right)^{x^2} = \left(\frac{1}{2}\right)^{-x}$	Skizziere den Graphen von: $f(x) = \lvert x^2 - 4x + 2\rvert; x \in \mathbb{R}$
Gib die Funktion an, die der Rechteckseite x eines Rechtecks mit dem Umfang 24 cm die Länge der Diagonale d zuordnet.	Skizziere den Graphen der Funktion f: $f(x) = \sqrt{2x+1};\ x \in \mathbb{D}_f$	Beschreibe, wie man die Lage der Funktion f im Koordinatensystem verändern muss, damit sie identisch wie Funktion g verläuft: $f(x) = e^{-x}$, $x \in \mathbb{R}$; $g(x) = e^{-(x+4)} - 2$, $x \in \mathbb{R}$.
Bestimme x: $20 \cdot 2^x - 500 = 780$	Bestimme a und b in den folgenden Gleichungen $y = a^x$ und $y = \log_b x$ so, dass sich ihre Graphen in P(3/8) schneiden.	Löse: $5^{2x} = 125 + 20 \cdot 5^x$
Bestimme die Schnittpunkte der Graphen der folgenden Funktionen: $f(x) = \frac{1}{x}$, $x \in \mathbb{R} \setminus \{0\}$ und $g(x) = x + 4;\ x \in \mathbb{R}$	Jod 131 hat eine Halbwertszeit von 8 Tagen. Bestimme, nach wie viel Tagen 95 % einer ursprünglich vorhandenen Stoffmenge zerfallen sind.	Bestimme die Schnittpunkte der Graphen der folgenden Funktionen: $f(x) = \frac{1}{x}$, $x \in \mathbb{R} \setminus \{0\}$ und $g(x) = x + 4;\ x \in \mathbb{R}$